Selbstoptimierende Montage schalenförmiger Großbauteile mit rekonfigurierbaren Handhabungssystemen

Von der Fakultät für Maschinenwesen
der Rheinisch-Westfälischen Technischen Hochschule Aachen
zur Erlangung des akademischen Grades eines
Doktors der Ingenieurwissenschaften
genehmigte Dissertation

vorgelegt von

Markus Janßen

Berichter:

Univ.-Prof. Dr.-Ing. Robert Heinrich Schmitt
Univ.-Prof. Dr.-Ing. Dr. h. c. Burkhard Corves

Tag der mündlichen Prüfung: 02. März 2015

ERGEBNISSE AUS DER PRODUKTIONSTECHNIK

Markus Janßen

Selbstoptimierende Montage schalenförmiger Großbauteile mit rekonfigurierbaren Handhabungssystemen

Herausgeber:
Prof. Dr.-Ing. Dr.-Ing. E.h. Dr. h.c. Dr. h.c. F. Klocke
Prof. Dr.-Ing. Dipl.-Wirt.Ing. G. Schuh
Prof. Dr.-Ing. C. Brecher
Prof. Dr.-Ing. R. H. Schmitt

Band 11/2015

WZL RWTHAACHEN

Fraunhofer IPT

Bibliografische Information der Deutschen Nationalbibliothek
Die Deutsche Nationalbibliothek verzeichnet diese Publikation in der Deutschen Nationalbibliografie; detaillierte bibliografische Daten sind im Internet über http://dnb.ddb.de abrufbar.

Markus Janßen:

Selbstoptimierende Montage schalenförmiger Großbauteile mit rekonfigurierbaren Handhabungssystemen

1. Auflage, 2015

Gedruckt auf holz- und säurefreiem Papier, 100% chlorfrei gebleicht.

Apprimus Verlag, Aachen, 2015
Wissenschaftsverlag des Instituts für Industriekommunikation und Fachmedien an der RWTH Aachen
Steinbachstr. 25, 52074 Aachen
Internet: www.apprimus-verlag.de, E-Mail: info@apprimus-verlag.de

Druck: KN Digital Printforce GmbH, Stuttgart

ISBN 978-3-86359-302-5

D 82 (Diss. RWTH Aachen University, 2015)

Vorwort

Die vorliegende Dissertation entstand während meiner Tätigkeit als wissenschaftlicher Mitarbeiter am Werkzeugmaschinenlabor WZL der Rheinisch-Westfälischen Technischen Hochschule Aachen.

An erster Stelle gilt mein Dank Herrn Professor Dr.-Ing. Robert Schmitt, Inhaber des Lehrstuhls für Fertigungsmesstechnik und Qualitätsmanagement am Werkzeugmaschinenlabor, für das entgegengebrachte Vertrauen und die Betreuung dieser Arbeit. Herrn Professor Dr.-Ing. Dr. h. c. Burkhard Corves danke ich für die Übernahme des Korreferats und Herrn Professor Dr.-Ing. Christian Hopmann für den Vorsitz des Promotionsverfahrens. Herrn Professor Dr.-Ing. Rainer Müller danke ich dafür, dass er mir am Lehrstuhl für Montagetechnik am Werkzeugmaschinenlabor die Möglichkeit zur Promotion eröffnet hat.

Herzlich bedanken möchte ich mich auch bei meinen ehemaligen Kolleginnen und Kollegen, die immer für ein angenehmes Arbeitsklima gesorgt und somit maßgeblich zum Gelingen dieser Arbeit beigetragen haben. Besonders hervorheben möchte ich Matthias Vette, Stefan Quinders, Alexander Schönberg und Felix Bertelsmeier, mit denen ich kameradschaftliche Zeiten in diversen Bürokonstellationen erleben durfte und in zahlreichen Diskussionen wertvolle Anregungen für die Forschungsarbeiten bekommen habe. Weiterer Dank gilt den langjährigen studentischen Mitarbeitern Felix Schlünder und David Bierbüsse, die bei der Konzeptentwicklung, der Implementierung und dem Aufbau des Prüfstands tatkräftig mitgearbeitet haben. Für die gewissenhafte und kritische Durchsicht des Manuskripts danke ich Dr. Maria Nau-Hermes, Dr. Walter Kimmelmann, Stefan Quinders, Felix Bertelsmeier und Guido Hüttemann.

Zudem möchte ich mich bei den Projektpartnern im Exzellenzcluster „Integrative Produktionstechnik für Hochlohnländer" für die konstruktive Zusammenarbeit bedanken, von denen ich Dr. Mathias Hüsing, Tom Mannheim, Tim Detert und Stefan Kurtenbach vom Institut für Getriebetechnik und Maschinendynamik namentlich erwähnen möchte. Tim Lewerenz von der Firma Premium AEROTEC GmbH und Mike Wehn von der Firma FFT Produktionssysteme GmbH & Co. KG danke ich für die Teilnahme an Arbeitskreisen, in denen sie wertvolle Impulse für den Forschungsprozess gegeben und diesen durch die Bereitstellung von Testbauteilen und Geräten großzügig unterstützt haben.

Ganz besonderer Dank gilt meinen Eltern, die meine Ausbildung und meinen Werdegang ermöglicht und mit großem Engagement gefördert haben. Auf ihren Rat und ihre Unterstützung kann ich mich stets verlassen.

Essen, im März 2015 Markus Janßen

Inhaltsverzeichnis

Kurzfassung

In der Montage von schalenförmigen Großbauteilen werden zunehmend flexible, roboterbasierte Montagesysteme gefordert, um starre, bauteilspezifische Vorrichtungen zu ersetzen. Neben der Flexibilität steigt durch die zunehmende Anzahl an Freiheitsgraden jedoch auch die steuerungstechnische Komplexität der Montagesysteme. Die Folge ist, dass die Fähigkeiten vorhandener roboterbasierter Systeme in der Großbauteilmontage mit aktuellen Steuerungskonzepten nicht voll ausgenutzt werden können.

In einem explorativen Forschungsansatz wird untersucht, wie die Freiheitsgrade dieser Montagesysteme beherrscht werden können. Als Anwendungsbeispiel wird die Montage von Flugzeugschalen identifiziert, da hier bzgl. der Anlagentechnik und der Prozesssteuerung großer Handlungsbedarf in der Industrie besteht. Bei diesem Prozessschritt müssen Verformungen des Großbauteils durch das gezielte Einleiten von Kräften kompensiert werden, ohne dass unzulässige Kräfte, die das Bauteil beschädigen, überschritten werden. Da die Verformungen für jedes Bauteil individuell anders sind, stößt konventionelle Automatisierung zur Steuerung dieses Prozesses an ihre Grenzen. In dieser Arbeit wird erforscht, ob selbstoptimierende Produktionssysteme, die über Messtechnik Veränderungen ihrer Umwelt wahrnehmen, auf Basis geeigneter Modelle ihre Zielsetzung neu planen und ihr Verhalten entsprechend der neuen Zielsetzung anpassen können, für dieses komplexe Steuerungsszenario angewendet werden können. Dazu werden die erforderlichen Modelle aufgestellt, mit denen das Verformungsverhalten von Großbauteilen beschrieben und ein Algorithmus zur Verformungskompensation abgeleitet werden können. Die Innovation dieses Algorithmus' liegt darin, dass dieser selbstoptimierend innerhalb vorgegebener Grenzen bauteilspezifische Bewegungsbahnen für ein Handhabungssystem generieren kann und die bestehenden Grenzen in der automatisierten Prozessführung somit aufgelöst werden können.

Für die Ausführung dieses Prozesses zur Verformungskompensation wird ein rekonfigurierbares Handhabungssystem entwickelt, bei dem das Bauteil von mehreren Handhabungseinheiten gehalten wird und diese die erforderlichen Prozesskräfte in das Bauteil einleiten. Um die Bedienbarkeit dieses rekonfigurierbaren Handhabungssystems zu erleichtern, wird ein Steuerungssystem erarbeitet, in dem die Funktionen der selbstoptimierenden Prozesssteuerung und einer grafischen Programmierung in einem Simulationssystem kombiniert werden. Erst durch diese Integration von Programmier- und Steuerungssystem kann die Handhabungsaufgabe zentral beschrieben und die Wiederinbetriebnahme des rekonfigurierbaren Systems bei wechselnden Aufgaben vereinfacht werden. Das Steuerungskonzept wird implementiert, an einem Prüfstand validiert und die Funktionsfähigkeit nachgewiesen.

Abschließend wird der Fortschritt gegenüber dem bestehenden Stand der Technik aufgezeigt, die industrielle Relevanz der Forschungsergebnisse dargestellt und ein Ausblick auf künftige Arbeiten gegeben.

Abstract

Following the intend to reduce the amount of fixed product-specific jigs in the assembly of large scale shell elements leads to a growing demand of flexible robot based assembly systems. The increase in flexibility is obtained through additional degrees of freedom but is accompanied with an increase in the complexity of the control system. Consequently, the capabilities of robotic systems in large scale assembly cannot be utilized with current control concepts.

An explorative research approach investigates how these additional degrees of freedom of such an assembly system can be mastered. The assembly of aircraft shell elements has been identified as a relevant use case as there is a need for new robot-based assembly systems as well as for new control strategies. During shell assembly deformations of the large components have to be compensated by applying predefined forces without damaging the part. As the deformations are individually different for each product, the applicability of conventional automation strategies for this control task is limited. This research focusses on self-optimizing production systems which can perceive their environment by using measurement systems, determine new targets based on mathematical models and adapt their behavior according to the new targets, in order to master this complex control scenario. The required models which describe the behavior of the product under external forces and an algorithm for the compensation of deformations are devised. The innovation of this algorithm is, that it can self-optimizingly generate product-specific robot motions within given limits and break up existing limits for an automated process control.

For the execution of this process a reconfigurable handling system is developed which can handle large components using several small handling units that apply the required compensation forces. For a simple operation of such a handling system, a control system has been developed, which integrates functions of self-optimizing process control and a graphical programming interface within a robot simulation tool. Only by this integration of programming and control a central description of the handling task is possible and facilitates a quick re-commissioning of the reconfigurable system. The control concept has been implemented, validated at a test stand and its operability has been proven.

This research concludes with on overview over the progress beyond the state of the art, the industrial relevance of the research results and an outlook on further research topics.

1 Einleitung

In der Montage, als einer der letzten Schritte im Produktentstehungsprozess, machen sich eine hohe Produktvarianz und individuelle Kundenwünsche direkt bemerkbar [SCHU08; BREC09a]. Die Folge sind ein hoher manueller Arbeitsanteil und ein hoher Anteil an Sondermaschinenbau für die Montageanlagen, da diese meist „für ein vorgegebenes Produktspektrum ausgelegt sind“ [SPUR86, S. 593].

Um im internationalen Wettbewerb Produkte dauerhaft zu konkurrenzfähigen Kosten montieren zu können, muss die Effizienz von Montagesystemen kontinuierlich gesteigert werden. Ein aktueller Forschungsansatz ist die Entwicklung von wandlungsfähigen Produktionssystemen [NYHU08]. Durch eine modulare Gestaltung können wandlungsfähige Montagesysteme an die Anforderungen unterschiedlicher Produkte und Prozesse angepasst werden, erlauben durch Rekonfiguration eine Wiederverwendbarkeit über mehrere Produktgenerationen und tragen somit zu einer effizienteren Nutzung der eingesetzten Ressourcen bei [REIN09; MÜLL11a].

1.1 Problemstellung

Die Rekonfigurierbarkeit von Montagesystemen ist vor allem für Industriebereiche interessant, in denen bislang kostenintensive Sondervorrichtungen eingesetzt werden. Ein Produktionsbereich, der traditionell vom Sondermaschinenbau geprägt ist und daher ein großes Potenzial zur Ressourceneinsparung besitzt, ist die Montage von Großbauteilen [WEID13]. Im Fokus dieser Arbeit stehen schalenförmige, dünnwandige Großbauteile, die eine besondere Herausforderung für die industrielle Produktion darstellen, da sie in besonderem Maße von ihrer geplanten Geometrie abweichen können. Ursachen dafür können Verformungen durch das Eigengewicht, Verformungen auf Grund von Temperaturschwankungen oder Abweichungen durch Fertigungstoleranzen sein. Daher sind die Abweichungen für jedes Bauteil individuell – jedes Bauteil ist ein „Unikat“ [IFAM13, S. 99]. Da die Geometrieabweichungen bei der Montage berücksichtigt oder sogar kompensiert werden müssen, um die Einzelteile fügen zu können, werden traditionell große, starre Vorrichtungen eingesetzt, die die Sollgeometrie der Bauteile wiedergeben und dadurch Verformungen ausgleichen können. Die Bauteile werden an „vorgegebenen Systempunkten mit einer sogenannten Nullabsteckung positioniert“ [LEHM00, S. 2] und erhalten dadurch die gewünschte Geometrie. Diese Vorrichtungen werden meist bauteilspezifisch hergestellt und fordern einen hohen Materialeinsatz, damit durch eine massive, steife Bauweise die Genauigkeit[1] der Vorrichtung sichergestellt werden kann. Bei entsprechender Teilevielfalt müssen diese Vorrichtungen mehrfach beschafft werden, was hohe Investitionskosten verursacht und zudem einen großen Bedarf an Hallenflächen erfordert.

[1] Der Begriff „Genauigkeit“ wird in dieser Arbeit mit seiner in der Robotik üblichen Bedeutung verwendet und gibt (in Anlehnung an die EN ISO 9283) die Abweichung zwischen einer Sollposition und dem Mittelwert der Istpositionen an [DIN99].

Dies zeigt, dass im Bereich der Großbauteilmontage großes Potenzial für ressourceneffizientere Montagesysteme und großer Handlungsbedarf besteht.

Durch Entwicklungen in den vergangenen Jahren und Jahrzehnten ist die Flexibilität von Montagesystemen für Großbauteile bereits deutlich gesteigert worden [SARH92; WOLL01; STEP07]. Ausgehend von der Forderung der Montagesystemnutzer, unterschiedliche Bauteile auf einer Anlage montieren zu können und somit eine Produktflexibilität zu schaffen, sind teilverstellbare Vorrichtungen entwickelt worden, bei denen Bauteil-Aufnahmepunkte innerhalb vorgegebener Grenzen an unterschiedliche Bauteilgeometrien angepasst werden können. Eine weitere Flexibilitätssteigerung ist mit der Einführung von programmierbaren Vorrichtungen bzw. Robotern erreicht worden. Dabei wird das Bauteil von mehreren Handhabungseinheiten über entsprechende Greifpunkte gehalten. Durch die Steuerbarkeit der Handhabungseinheiten können nicht nur Bauteile unterschiedlicher Geometrien in der Montagestation bearbeitet werden, sondern es kann auch noch während des Prozesses auf die Geometrie des Bauteils Einfluss genommen und damit eine Prozessflexibilität erreicht werden. Damit die roboterbasierten Systeme bei der Positionierung der Bauteile die gleiche Genauigkeit erreichen können wie eine starre Vorrichtung, müssen diese messtechnisch überwacht und Abweichungen nachgeregelt werden. In der Folge steigt mit der gewonnenen Flexibilität jedoch auch die Komplexität der Montagesysteme, da das Zusammenspiel von Großbauteil, Robotersystem und Messtechnik für eine zuverlässige, automatisierte Prozessführung bekannt sein und sicher beherrscht werden muss (Bild 1.1) [SCHM13a].

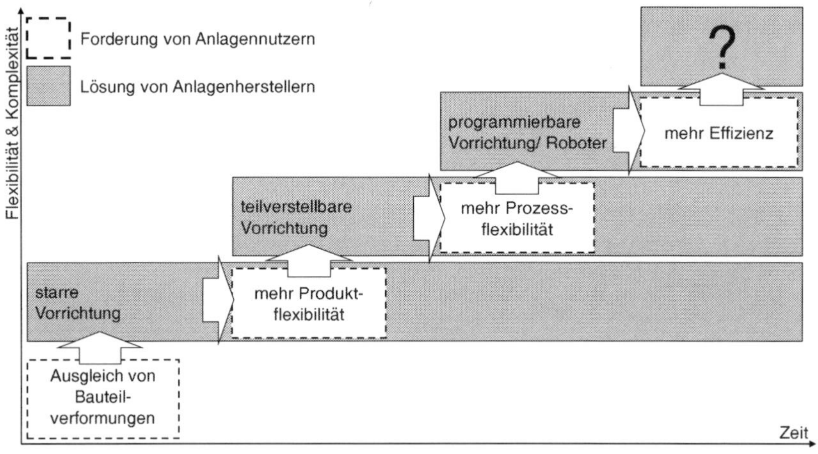

Bild 1.1: Entwicklungstrend bei Montagesystemen für Großbauteile

Um die steigende Komplexität der roboterbasierten Montagesysteme beherrschen zu können und einen vollautomatisierten Betrieb zu ermöglichen, werden Steuerungsmodelle benötigt, die das Verformungsverhalten des Großbauteils unter der Einwirkung äußerer Kräfte beschreiben und für eine automatisierte Kompensation von

Bauteilverformungen genutzt werden können. Diese Steuerungsmodelle können sehr komplex sein und existieren bislang nicht. Prozessstörungen können nicht vollständig abgefangen und die Funktionalität der Anlage somit nicht voll ausgenutzt werden. Die Folge ist, dass automatisierte Anlagen derzeit bei kritischen Prozessschritten im Handbetrieb gesteuert werden müssen, da eine zuverlässige Verformungskompensation sonst nicht garantiert werden kann und die Gefahr besteht, dass die Bauteile auf Grund einer zu großen Krafteinleitung beschädigt werden [SCHM13a]. Eine aktuelle Forderung der Anwender von Montagesystemen in der Großbauteilmontage ist daher, durch innovative Weiterentwicklungen einen effizienteren Betrieb der roboterbasierten Montagesysteme zu ermöglichen.

1.2 Zielsetzung

Das Ziel dieser Arbeit ist es, einen Beitrag zur Effizienzsteigerung in der Großbauteilmontage durch die Weiterentwicklung von roboterbasierten Montagesystemen zu leisten. Aktuelle Forschungsarbeiten zu wandlungsfähigen Produktionssystemen werden für die Entwicklung eines modularen, rekonfigurierbaren Handhabungssystems angewendet, um durch eine einfache Rekonfiguration ein breites Einsatzspektrum, einen hohen Nutzungsgrad und somit eine effiziente Verwendung der eingesetzten Ressourcen zu erreichen [KAEM08]. Ein derartiges System besitzt nicht nur durch die Programmierbarkeit der Handhabungseinheiten, sondern zusätzlich noch durch deren Rekonfigurierbarkeit eine Vielzahl an Freiheitsgraden. Dem Vorteil der mechanischen und steuerungstechnischen Anpassungsmöglichkeiten stehen damit weiterhin die Nachteile der zunehmenden Komplexität und der Unsicherheiten im Prozessablauf gegenüber. Aus dem Prozess resultieren weitere Freiheitsgrade, da das elastisch verformbare Großbauteil selbst ein System „mit unendlich vielen Freiheitsgraden" [PARK60, S. 118] darstellt. Die übergreifende Forschungsfrage dieser Arbeit lautet daher:

> *Welche Funktionalitäten muss das Steuerungssystem eines rekonfigurierbaren, roboterbasierten Montagesystems bereitstellen, so dass eine zuverlässige, vollautomatisierte Prozessführung in der Großbauteilmontage möglich ist?*

Um die Fähigkeiten eines derartigen Robotersystems optimal ausnutzen zu können, werden „durchgängige Datenmodelle" [WECK06, S. 2] benötigt, die für eine automatisierte Planung und Steuerung der Handhabungsabläufe verwendet werden können. Die Forschungsfrage lässt sich dazu in untergeordnete Teilforschungsfragen gliedern, mit denen die Herausforderungen zur Prozesssteuerung und zur Anlagensteuerung gesondert betrachtet und Antworten entwickelt werden. Als Prozess wird der Abschnitt der Montageaufgabe betrachtet, bei dem mehrere Handhabungseinheiten das Bauteil bereits gegriffen haben und eine kooperierende Bewegung ausführen müssen, um das Bauteil zu bewegen ohne dieses zu zerstören. Im Gegensatz dazu kommt die Anlagensteuerung zum Einsatz, wenn die Handhabungseinheiten nicht im

Eingriff mit dem Bauteil sind und sich daher unabhängig voneinander bewegen können (abgesehen von einer Kollisionsüberwachung o.ä.).

Handhabungsprozesse in der Großbauteilmontage sind dadurch geprägt, dass sich die Bauteile während der Handhabung verformen können. Da sich jedes Bauteil individuell anders verformt, ist eine Vorabberechnung der Verformungen bzw. die Planung einer Verformungskompensation durch eine geeignete Positionierung der Handhabungseinheiten kaum möglich und ein zuverlässiger Prozessablauf damit nicht gegeben. Um dieses komplexe Steuerungsszenario zu beherrschen, wird nicht nur eine automatisierte, sondern eine selbstoptimierende Prozesssteuerung benötigt. Selbstoptimierende Systeme, die Veränderungen ihrer Umwelt wahrnehmen, darauf reagieren und ihr Verhalten selbstoptimierend anpassen können, werden derzeit für unterschiedliche Anwendungen erforscht [ADEL09; SCHM11]. Vor diesem Hintergrund wird folgende Forschungsfrage untersucht:

> *Kann Selbstoptimierung zur automatisierten Prozesssteuerung in der Großbauteilmontage eingesetzt werden, um einen zuverlässigen Prozessablauf zu ermöglichen?*

Grundlage für die Selbstoptimierung sind Modelle, die für eine automatisierte Planung und Steuerung des Prozesses genutzt werden können. Ein Ziel dieser Arbeit ist daher, ein geeignetes Modell für Großbauteile aufzustellen, mit dem das Verformungsverhalten unter der Einwirkung äußerer Kräfte beschrieben und Verformungen somit kompensiert werden können.

Ein Anwendungsbeispiel für eine derartige Prozesssteuerung findet sich in der Montage von Flugzeugschalen. Um die selbstoptimierende Prozesssteuerung in Kombination mit den zuvor genannten rekonfigurierbaren Handhabungssystemen nutzen zu können, wird ein Steuerungssystem benötigt, mit dem die Aufgaben der Prozess- und der Anlagensteuerung zentral beschrieben, von einer übergeordneten Steuerungsinstanz koordiniert und von einem automatisierten System ausgeführt werden können. Die Anforderungen an dieses Steuerungssystem müssen analysiert und Lösungen entwickelt werden. Folgende Forschungsfrage wird dazu untersucht:

> *Können die Aufgaben der selbstoptimierenden Prozesssteuerung und der Programmierung von rekonfigurierbaren Handhabungssystemen in einer übergeordneten Steuerungsinstanz beschrieben werden?*

Ein weiteres Ziel dieser Arbeit ist daher, ein neues Programmier- und Steuerungskonzept für selbstoptimierende, rekonfigurierbare Handhabungssysteme zu entwickeln. Die Ergebnisse der Arbeit resultieren aus den Teilprojekten „Rekonfigurierbares, selbstoptimierendes Bauteilhandling" (2009-2011) und „Cognition-enhanced self-optimizing assembly systems" (2011-2014) des Exzellenzclusters „Integrative Produktionstechnik für Hochlohnländer" (2006-2017), der von der Deutschen Forschungsgemeinschaft DFG an der RWTH Aachen gefördert wird.

1.3 Forschungsmethodik

Die zuvor formulierten Forschungsfragen werden wissenschaftlich untersucht und beantwortet. Die Motivation für den Forschungsprozess ist ein Problem aus der industriellen Praxis, so dass die Arbeit der angewandten Forschung nach ULRICH zugeordnet werden kann [ULRI81].

Die Beantwortung der Forschungsfragen kann forschungsmethodisch auf unterschiedliche Weisen erfolgen. Eine in den empirischen Wissenschaften übliche Vorgehensweise ist die Aufstellung einer Lösungshypothese auf Basis bestehender Theorien. Diese Hypothese wird anschließend z.B. durch Experimente überprüft [POPP94]. Über einen „induktiven Schluss" wird dann aus den „besonderen Sätzen" (d.h. Beobachtungen aus den Experimenten) auf „allgemeine Sätze" (z.B. neue, allgemeingültige Theorien) zur Beantwortung der Forschungsfrage geschlossen [POPP94, S. 3]. Diese Vorgehensweise ist jedoch nur dann gültig, wenn das Ergebnis des Hypothesentests eine Falsifizierung ist, d.h. dass sich die Hypothese als unwahr herausgestellt hat und widerlegt werden konnte. Eine Verifizierung ist nicht zulässig, da die Hypothese im Experiment nicht unter allen denkbaren Randbedingungen überprüft und die Gültigkeit der Verifizierung daher nicht uneingeschränkt sichergestellt werden kann [POPP94].

Für die praxisnahe Forschung, wie sie auch in dieser Arbeit betrieben wird, ist die beschriebene Forschungsmethodik mit einem Hypothesentest jedoch unbefriedigend. Der Hypothesentest nach dem Falsifikationsprinzip liefert zwar einen Erkenntnisgewinn im Forschungsprozess, jedoch keine „praktisch verwertbaren Ergebnisse" [KUBI77, S. 12], so dass die angestrebte Lösung eines Problems aus der industriellen Praxis dadurch nicht gelingt. Zudem existieren durch den engen Praxisbezug nicht immer geeignete Theorien, „um sinnvolle und realistische Hypothesen aufstellen zu können" [KUBI77, S. 12]. Eine willkürliche Konstruktion beliebiger Hypothesen ist problematisch und wenig sinnvoll [KUBI77].

In dieser Arbeit wird daher ein „explorativer" Forschungsansatz nach KUBICEK verfolgt, bei dem wissenschaftliche Fragen und Antworten zum einen „von theoretischen Absichten" geleitet werden und zum anderen „auf systematischem Erfahrungswissen" basieren [KUBI77, S. 13]. Ziel der Arbeit ist die Gewinnung neuer Erkenntnisse, um mit neuem Wissen bestehende Defizite in der industriellen Anwendung zu verringern. „Allen Erkenntnisvorgängen liegt ein Abbildungsprozess zugrunde" [STAC80, S. 53]. Dieser Abbildungsprozess hat die Zielsetzung, die wesentlichen Eigenschaften der Realität vereinfacht in Modellen abzubilden, ohne die Struktur zwischen Realität und Modell zu verfälschen [BAMB08]. Dadurch können auch komplexe Systeme, die sich nicht vollständig beschreiben lassen, beherrschbar gemacht werden [ULRI81]. Modelle können für verschiedene Zielsetzungen aufgestellt werden, wobei üblicherweise zwischen Beschreibungs-, Erklärungs-, Gestaltungs- und Entscheidungsmodellen unterschieden wird [BAMB08]. Das Beschreibungsmodell beschreibt mit objektiven Informationen die Einflussgrößen auf ein System aus der Sicht eines Beobachters. In einem Erklärungsmodell werden die Beschreibungen in physikalische und mathematische Zusammenhänge gebracht, z.B. in Form von Gleichungen. Gestaltungsmodelle ermöglichen die Optimierung des betrachteten Systems oder seines Verhaltens, z.B. durch neue Systemkomponenten. Das Entscheidungsmodell erlaubt auf Basis einer Validierung eine Bewertung des neuen Systems, um zu prüfen, ob zuvor ermittelte Defizite eliminiert oder in ihrer Auswirkung reduziert wurden.

In dieser Arbeit werden in Beschreibungsmodellen das Verformungsverhalten von Großbauteilen beschrieben und die bei der Verformungskompensation auftretenden Phänomene (Wechselwirkungen von Kräften innerhalb des Bauteils) abgebildet. Die auftretenden Kräfte lassen sich mathematisch über einen funktionalen Zusammenhang von Verformungen und (Bauteil-) Steifigkeiten erklären und entsprechend in einem Erklärungsmodell formulieren. Es wird ein Algorithmus aufgestellt, mit dem Steuerungsabläufe eines Handhabungssystems berechnet und Bauteilverformungen kompensiert werden können. Die Funktionsfähigkeit der Verformungskompensation wird implementiert und anhand verschiedener Szenarien simulativ validiert. Darüber hinaus werden Beschreibungsmodelle für ein Steuerungskonzept für rekonfigurierbare Handhabungseinheiten aufgestellt mit dem Ziel, eine einfache Programmierung und Steuerung des Handhabungssystems zu ermöglichen. Für das Steuerungskonzept werden geeignete Komponenten ausgewählt, zu einem Gesamtsystem implementiert und dessen Funktionsfähigkeit an einem Prüfstand validiert. Die Anwendbarkeit der Verformungskompensation und des Steuerungskonzeptes für industrielle Aufgabenstellungen wird abschließend bewertet.

Die gewählte Forschungsmethodik kombiniert die in der Literatur dargestellten Forschungsansätze mit den praktischen Erfahrungen des Autors in seiner mehrjährigen Tätigkeit in Forschungsprojekten zur roboterbasierten Montage von Großbauteilen. In Gesprächen mit Industriearbeitskreisen und auf Konferenzen wurden die gewählten Ansätze und Modelle diskutiert und weiterentwickelt. Bei der Veröffentlichung dieser Arbeit wird dieser iterative Prozess unterbrochen und Anknüpfungspunkte für Folgearbeiten aufgezeigt. Das gewonnene Wissen führt zu neuen Fragen und damit zu einer kontinuierlichen Fortsetzung des Forschungsprozesses.

1.4 Vorgehensweise und Aufbau der Arbeit

Aus der dargestellten Forschungsmethodik leiten sich die Vorgehensweise zur Beantwortung der Forschungsfragen und der Aufbau der Arbeit ab. In Anlehnung an die „Strategie angewandter Forschung“ nach ULRICH [ULRI81, S. 19] beginnt der Forschungsprozess mit der „Erfassung und Typisierung praxisrelevanter Probleme“ (Bild 1.2). In Kapitel 1 wird daher allgemein in die Thematik der Großbauteilmontage eingeleitet, die Problemstellung aus der industriellen Praxis konkret benannt sowie die Zielsetzung der Arbeit formuliert.

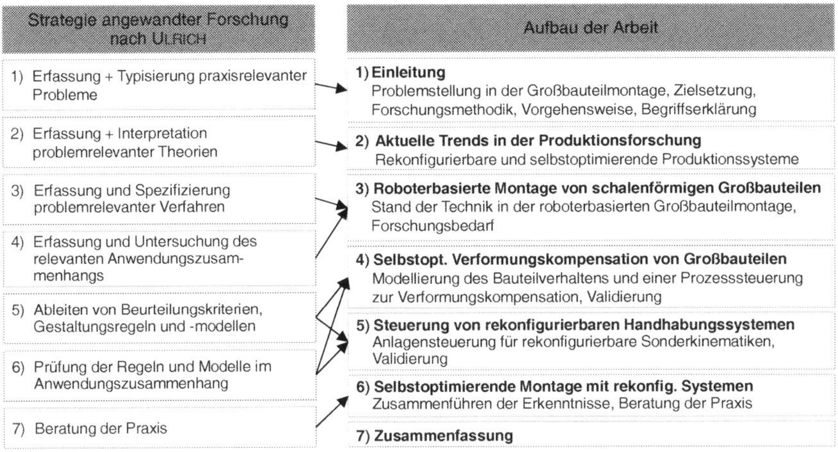

Bild 1.2: Vorgehensweise und Aufbau der Arbeit

Zur besseren Einordnung des Themas wird anschließend in Kapitel 2 das theoretische Umfeld in der Produktionsforschung detaillierter beleuchtet. Rekonfigurierbarkeit und Selbstoptimierung werden als Lösungsansätze vorgestellt, um die Effizienz von Produktionssystemen und -prozessen zu steigern und die Wettbewerbsfähigkeit produzierender Unternehmen zu sichern. Hieraus leitet sich der Handlungsbedarf aus der Theorie ab, ob sich die Ansätze der Rekonfiguration und der Selbstoptimierung auf Montagesysteme für Großbauteile anwenden lassen.

Kapitel 3 gibt einen Überblick über die roboterbasierte Montage von schalenförmigen Großbauteilen und konzentriert sich dabei insbesondere auf den Stand der Technik im Flugzeugbau, in dem seit einigen Jahren der Trend besteht, starre Vorrichtungen durch flexiblere Robotersysteme zu ersetzen. Es wird diskutiert, inwieweit sich die in der Produktionsforschung entwickelten Modularisierungskonzepte auch auf Handhabungssysteme anwenden lassen. Aus den beschriebenen Vorarbeiten in Industrie und Forschung kann der Forschungsbedarf der vorliegenden Arbeit benannt und in die Teilaufgaben der Prozesssteuerung für die Handhabung von Großbauteilen und der Anlagensteuerung für rekonfigurierbare Handhabungssysteme gegliedert werden.

In Kapitel 4 werden die identifizierten Herausforderungen in der Prozesssteuerung adressiert. Nach aktuellem Stand der Technik kann die Funktionalität bestehender Montageanlagen nicht voll ausgenutzt werden, da mathematische Modelle, mit denen die Wechselwirkungen zwischen Produkt (nachgiebiges Großbauteil), Prozess und Betriebsmittel (Handhabungssystem) beschrieben werden können und eine automatisierte Steuerung ermöglichen, nicht durchgängig existieren. Um diese Lücke in den Regelkreisen zu schließen, werden in diesem Kapitel ein Beschreibungsmodell für nachgiebige Großbauteile und ein Steuerungsalgorithmus für eine selbstoptimierende Verformungskompensation von Großbauteilen aufgestellt. Die entwickelte Prozesssteuerung wird abschließend mit Hilfe von Simulationssystemen validiert.

In Kapitel 5 wird ein übergeordnetes Steuerungssystem entwickelt, mit dem die Programmierung und Steuerung von rekonfigurierbaren Handhabungssystemen vereinfacht und die Funktionalitäten der selbstoptimierenden Prozesssteuerung integriert werden können. Der Ansatz beruht darauf, das Handhabungssystem zunächst in einer Robotersimulation zu modellieren und Bewegungsabläufe zu visualisieren. Je nach Prozessanforderungen können diese Bewegungen sowohl von einem Benutzer fest vorgegeben als auch von der selbstoptimierenden Prozesssteuerung bauteilspezifisch generiert werden. Anschließend werden die Bewegungsdaten aus der Simulation direkt an die Steuerung der realen Anlage übertragen, so dass eine direkte Ausführung der Bewegung möglich ist. Es wird beschrieben, welche Maßnahmen für eine schnelle Datenübertragung zwischen der Simulation und der realen Steuerung erforderlich sind und wo die Vorteile, aber auch die technischen Grenzen eines derartigen Steuerungskonzeptes liegen.

In Kapitel 6 werden die Erkenntnisse zur selbstoptimierenden Prozesssteuerung und der übergeordneten Anlagensteuerung sowie die gewählte Forschungsmethodik kritisch bewertet. Anschließend wird die industrielle Relevanz der Ergebnisse in den Teilaspekten der Selbstoptimierung in der Produktionstechnik, der rekonfigurierbaren Handhabungssysteme in der Großbauteilmontage sowie des Programmier- und Steuerungskonzeptes für rekonfigurierbare Handhabungssysteme dargestellt sowie ein Ausblick auf erforderliche Anschlussarbeiten gegeben.

Kapitel 7 fasst die wesentlichen Aussagen der Arbeit zusammen.

1.5 Begriffserklärungen

Bereits in diesem Einleitungskapitel werden Begriffe verwendet, die einer genauen Abgrenzung und Erklärung bedürfen und für das bessere Verständnis der weiteren Arbeit kurz erläutert werden.

Der Titel der vorliegenden Arbeit lautet „Selbstoptimierende Montage schalenförmiger Großbauteile mit rekonfigurierbaren Handhabungssystemen“. „**Selbstoptimierend**“ bedeutet, dass ein System die sensorischen Fähigkeiten besitzt, um seine Umgebung wahrzunehmen, über Steuerungsalgorithmen verfügt, um eigenständig neue, optimierte Systemziele zu bestimmen und über Aktorik diese Ziele erreichen kann (vgl. dazu auch Kapitel 2.2). Die Prinzipien der Selbstoptimierung werden in dieser Arbeit für die Montage von Großbauteilen angewendet. Unter „**Großbauteile**“ werden Bauteile zusammengefasst, die auf Grund ihrer Abmessungen keine ausreichende Eigensteifigkeit besitzen und sich unter der Last des Eigengewichts verformen. Im Fokus dieser Arbeit sind dies große, flächige, dünnwandige Bauteile, im Speziellen Flugzeughautfelder, die durch das Fügen von Versteifungselementen zu Flugzeugschalen montiert werden. Die Positionierung der Großbauteile erfolgt über ein Handhabungssystem, das in Anlehnung an die VDI-Richtlinie 2860 definiert wird als eine „Bewegungseinrichtung mit variabler Hauptfunktion“, die über ein Programm[2] gesteuert werden kann [VDI90a]. Für die Großbauteilmontage besteht dieses Handhabungssystem aus mehreren Handhabungseinheiten, um das Bauteil an mehreren Greifpunkten unterstützen zu können. Diese Handhabungseinheiten bilden in dieser Arbeit ein „**rekonfigurierbares Handhabungssystem**", das in seiner Struktur und damit in seinen Eigenschaften an unterschiedliche Aufgaben angepasst werden kann. Eine Rekonfiguration ist zum einen innerhalb einer Handhabungseinheit denkbar, indem dessen kinematische Struktur, d.h. die Anzahl der Bewegungsachsen oder die Länge der Glieder der kinematischen Kette, verändert werden können. Zudem können auch die Art (z.B. Standardindustrieroboter als Vertikalknickarm-, SCARA- oder Portalkinematik oder speziell entwickelte Sonderkinematiken), Anzahl und Anordnung (d.h. die Lage das Basis-Koordinatensystems der Handhabungseinheit in Bezug zu einem Welt-Koordinatensystem; z.B. stehend/ hängend) über geeignete mechanische, elektronische und Softwareschnittstellen rekonfiguriert werden.

Für den in dieser Arbeit zu entwickelnden Prozess der Schalenmontage mit einem roboterbasierten Handhabungssystem können in Anlehnung an KURTH folgende Betriebsmodi unterschieden werden [KURT04; KURT05]. Zu Beginn muss das Großbauteil von dem Handhabungssystem aufgenommen werden. Dazu bewegen sich die Handhabungseinheiten von ihrer aktuellen Position zu den jeweiligen Greifpunkten am Bauteil unabhängig voneinander oder in einer sog. **koordinierten** Bewegung, d.h. dass Start- und Endzeitpunkt der Einzelbewegungen synchronisiert werden. Sobald das Bauteil gegriffen worden ist, stehen die Handhabungseinheiten darüber in Kontakt und sind in ihrer Bewegungsfreiheit eingeschränkt. In dieser Anordnung müssen die Handhabungseinheiten anschließend in einer **kooperierenden** Bewegung, bei der alle Einheiten zeitlich und geometrisch synchronisiert werden, das Bauteil bewegen, um eine Zerstörung zu vermeiden. Aufgrund der zeitlichen und geometrischen Kopplung stellt dieser Betriebsmodus die höchsten Anforderungen an das Steuerungssystem. Ein weiterer, häufig in diesem Kontext genannter Betriebsmodus ist der **kollaborierende** Betrieb, der die Interaktion der Maschine mit einem Menschen beschreibt. Dieser Modus wird in dieser Arbeit nicht betrachtet.

[2] Die ebenfalls in der VDI 2860 beschriebenen „manuell gesteuerten Bewegungseinrichtungen" werden in dieser Arbeit nicht betrachtet.

2 Aktuelle Trends in der Produktionsforschung

Die Wirtschaftskraft einer produzierenden Industrie ist für den Wohlstand eines Landes oder einer Wirtschaftsregion von entscheidender Bedeutung. So waren im Jahre 2012 in Deutschland knapp 19% aller Erwerbstätigen im produzierenden Gewerbe beschäftigt [DEST13a; STAB13] und die produzierten Güter hatten einen Anteil von knapp 26% am Bruttoinlandsprodukt [DEST13b; STAT13].

Seit einigen Jahrzehnten ist jedoch der Trend zu beobachten, dass die Produktion, d.h. die Unternehmensbereiche Beschaffung, Fertigung, Montage und Versand [WIEN99], zunehmend ins Ausland verlagert werden. Dadurch sollen insbesondere Lohnkosten in personalintensiven Bereichen eingespart werden und somit die Konkurrenzfähigkeit eines Unternehmens im internationalen Wettbewerb sichergestellt werden. Auch produktionsnahe Dienstleistungen sowie Forschung und Entwicklung sind mittlerweile von Verlagerungen bedroht [BREC11].

Um dennoch die Wettbewerbsfähigkeit produzierender Unternehmen und damit verbunden viele Arbeitsplätze in Hochlohnländern zu erhalten, müssen neue Konzepte entwickelt werden, mit denen die Effizienz moderner Produktionssysteme gesteigert und somit andere Standortnachteile kompensiert werden können. Aktuelle Lösungsansätze in der Produktionsforschung stellen rekonfigurierbare und selbstoptimierende Produktionssysteme dar, die im Folgenden vorgestellt werden. Die Wechselwirkungen dieser zwei zunächst unabhängigen Forschungsthemen werden abschließend zusammengeführt und als Lösungsansatz für künftige Montagesysteme für Großbauteile vorgestellt.

2.1 Rekonfigurierbare Produktionssysteme

Rekonfigurierbare Produktionssysteme werden mit dem Ziel entwickelt, diese schnell für neue Produkte und schwankende Stückzahlen anpassen und umrüsten zu können [LAU10]. Diese Systeme zeichnen sich dadurch aus, dass sie aus vordefinierten Modulen mit standardisierten Schnittstellen aufgabenspezifisch zusammengestellt werden können. Die Gestaltung der Module und der Schnittstellen ist somit eine Grundvoraussetzung für die Rekonfigurierbarkeit von Produktionssystemen. In den folgenden Kapiteln werden daher zunächst die Grundlagen zur Gestaltung von modularen Systemen erläutert und erste Ansätze zur Realisierung von rekonfigurierbaren Fertigungs- und Montagesystemen vorgestellt.

2.1.1 Gestaltung von modularen Systemen

Modulare Systeme sind dadurch gekennzeichnet, dass durch die Bildung von Subsystemen die Komplexität einer Gestaltungsaufgabe stark reduziert wird [NYHU08; GÖPF98]. Das Gesamtsystem kann dann über Schnittstellen aus den Subsystemen zusammengestellt werden. Schnittstellen haben die Funktion, Bauteile mechanisch zu verbinden und Energie und Daten zwischen den Modulen zu leiten [LANG00]. Die Anwendbarkeit von modularen Systemen im technischen Zusammenhang wird bereits seit einigen Jahrzehnten untersucht [ARNO11]. Während zunächst eine Modularisierung der Produkte im Vordergrund stand, um deren Variantenvielfalt und Komplexität zu reduzieren, werden zunehmend auch Produktionssysteme modular gestaltet [NYHU08]. Da ein Produktionssystem aus Sicht eines Anlagenherstellers auch ein Produkt darstellt, ist dieser Trend nachvollziehbar und eine Übertragung der Prinzipien möglich [BAUM05].

Bei der Entwicklung von modularen Systemen werden zwei Vorgehensweisen unterschieden: der produktorientierte und der baukastenorientierte Ansatz [ARNO11]. Beim produktorientierten Ansatz geschieht die Entwicklung eines Moduls für ein spezielles Produkt. Anschließend wird das Modul in einen Baukasten überführt, um für andere Produkte wiederverwendet werden zu können. Der Vorteil des produktorientierten Ansatzes liegt darin, dass die Anwendung zielgerichtet und meist weniger komplex ist. Nachteilig ist, dass bei der Entwicklung die Anforderungen anderer Produkte kaum berücksichtigt und damit deren Bedürfnisse kaum erfüllt werden. Eine Nutzung der Module für andere Produkte ist somit schwierig. Beim baukastenorientierten Ansatz werden dagegen die Module nicht für ein spezielles Produkt, sondern gezielt für einen Baukasten entwickelt, wobei die Anforderungen mehrerer Produkte berücksichtigt werden. Auch wenn die Komplexität der Entwicklung dadurch steigt, ist letztlich eine höhere Wiederverwendbarkeit der Module möglich, so dass der baukastenorientierte Ansatz insgesamt als nachhaltiger angesehen wird [ARNO11]. Darüber hinaus ist es bei dieser Vorgehensweise möglich, zunächst anwendungsneutrale Einheiten zu entwickeln, aus denen erst in einem zweiten Schritt konkrete Module erstellt werden [LEWE05].

Für die Gestaltung eines rekonfigurierbaren Handhabungssystems für die Großbauteilmontage sind diese unterschiedlichen Entwicklungsansätze überaus relevant und erfordern ein Umdenken insbesondere in der Mechanik-Entwicklung. Üblicherweise werden Handhabungsgeräte für eine bestimmte Handhabungsaufgabe ausgelegt. Der Entwicklungsprozess sieht vor, dass zunächst je nach geforderter Aufgabe eine kinematische Struktur, d.h. „die Art, Anzahl und Anordnung von Gelenken und Gliedern“ [HUES10, S. 193], konzipiert wird (sog. Struktursynthese) und je nach Arbeitsraum und Lastfall (Traglast/ Prozesskraft, Beschleunigung, Geschwindigkeit etc.) die „charakteristischen Längen der verschiedenen Glieder der ausgewählten Struktur festgelegt werden“ (sog. Maßsynthese) [HUES10, S. 199; PAHL07]. Bei einer baukastenorientierten Entwicklung muss diese Vorgehensweise weiter gefasst werden, damit eine spätere Nutzung des Handhabungsgerätes für unterschiedliche Aufgaben und damit unterschiedliche Randbedingungen und Lastfälle möglich ist. Ziel der Mechanik-Entwicklung muss es daher sein, die Mechanik nicht für eine Anwendung am struktur-mechanischen Optimum, sondern für ein breites Spektrum an Anwendungen auszulegen.

Für die Gestaltung von modularen Systemen haben sich einige Prinzipien etabliert, die im Folgenden vorgestellt werden. Diese sollten auch für die Ausgestaltung von modularen Handhabungseinheiten berücksichtigt werden, wobei auch Kompromisslösungen zur Einhaltung der Prinzipien vorgesehen werden dürfen [GÖPF98]. Durch das **Dekompositionsprinzip** werden die gewünschten Funktionen eines Systems in

Teilfunktionen aufgegliedert, bis sich konkrete technische Lösungen zur Erfüllung finden lassen [GÖPF98]. Eine zu starke Dekomposition kann jedoch zu einer großen Anzahl an Modulen führen. Daher muss das Ziel der Modularisierung nicht die Maximierung der Modulanzahl oder Minimierung der Modulfunktion sondern eine Optimierung hinsichtlich Funktion, Schnittstellen u.ä. sein [GÖPF98]. Daher sind Methoden erarbeitet bzw. weiterentwickelt worden, um den Funktionsumfang eines Moduls und somit den Grad der Modularisierung richtig abschätzen zu können [MÜLL12b]. Für die Gestaltung von Handhabungsgeräten ist eine Anwendung einer derartigen Methode jedoch nicht zwingend erforderlich, da sich der Funktionsumfang eines Moduls mit einer geringen Anzahl an Teilaufgaben, wie z.B. „Greifen" und „Handhaben", eingrenzen lässt. Das **Unabhängigkeitsprinzip** besagt, dass die einzelnen Module physisch unabhängig sein sollen und sich die gewünschten Funktionalitäten möglichst auf verschiedene Module verteilen. Die Einhaltung des Unabhängigkeitsprinzips stößt an seine Grenzen, wenn mehrere Funktionen einer Komponente genutzt werden können oder wenn die Bildung physisch unabhängiger Module auf Grund überproportionaler Aufwände für die Spezifikation und Herstellung der Schnittstellen nicht gerechtfertigt werden kann. Das **Integritätsprinzip** hat zum Ziel, die Gestaltung der Module im Sinne des Gesamtsystems zu beeinflussen. Das bedeutet, dass Schnittstellen zwischen den Modulen eindeutig spezifiziert werden müssen, eine Optimierung des Gesamtsystems möglich sein muss und bereits existierende Module wiederverwendet werden können [GÖPF98].

Die Einhaltung der beschriebenen Prinzipien führt zur Gestaltung von mechatronischen Modulen, mit denen durch ein Zusammenspiel der Disziplinen „Mechanik", „Elektronik" und „Informationstechnik" eine „Aufgabe sowohl auf mechanischem als auch digital-elektronischem Wege" gelöst wird [ISER08, S. 4; MÜLL11b; DZIW13]. Bild 2.1 zeigt die Elemente eines mechatronischen Moduls nach der Definition von Isermann [ISER05; ISER08].

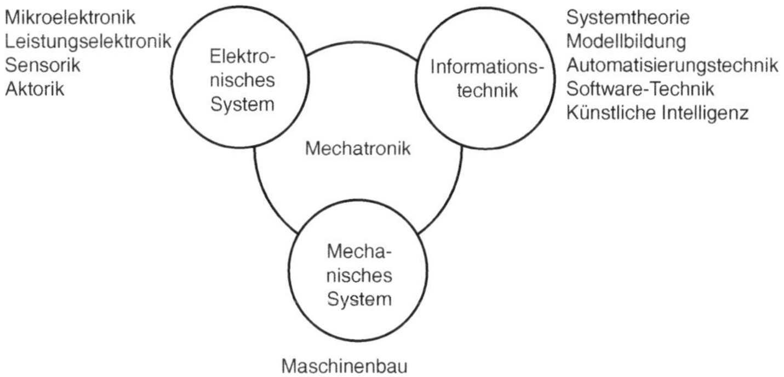

Bild 2.1: Elemente mechatronischer Systeme [ISER08, S. 5]

Ein mechatronisches Modul zeichnet sich demnach dadurch aus, dass es neben einer abgegrenzten Mechanik auch über eigene Möglichkeiten der Datenverarbeitung und Kommunikation verfügt, so dass es unabhängig vom Gesamtsystem betrieben werden kann und komplizierte Beziehungsgeflechte zwischen den Modulen von vornherein vermieden werden [SCHM11].

Während für die modulare Gestaltung der Mechanik mit CAD-Systemen schon seit einigen Jahren leistungsfähige Hilfsmittel zur Verfügung stehen, wurden vergleichbare Entwicklungssysteme für modulare Elektronik und Informationstechnik nur mit einiger Verzögerung entwickelt [GRZO04], so dass hier bis heute großes Optimierungspotenzial im Bereich der modularen Automatisierung liegt [FRIE13]. Auch Software-Architekturen zur Steuerung dieser Systeme müssen modular und rekonfigurierbar gestaltet sein [LAU10].

2.1.2 Rekonfigurierbare Fertigungs- und Montagesysteme

Die Potenziale der Modularisierung und Rekonfigurierbarkeit werden seit vielen Jahren für unterschiedliche Anwendungsfälle in der Fertigung [KORE99] und Montage [MAKI95; BI07] erforscht. Sowohl den Fertigungs- als auch den Montagesystemen ist gemeinsam, dass diese zum einen auf der Maschinenebene rekonfigurierbar sein können, indem einzelne Funktionsmodule, wie z.B. Prozesswerkzeuge oder andere Maschinenteile, ausgetauscht werden können. Zum anderen kann auch eine Rekonfiguration auf Systemebene möglich sein, so dass eine Werkzeugmaschine oder eine Montagestation selbst ein Modul im Produktionssystem darstellt und in das Gesamtsystem integriert oder wieder entfernt werden kann [LAND01; MÜLL11a]. Voraussetzung ist immer, dass die Module mit definierten mechanischen, elektrischen/elektronischen und Softwareschnittstellen versehen werden und somit einfach ausgetauscht werden können.

Rekonfigurierbare Fertigungssysteme

Eine Rekonfiguration einer Werkzeugmaschine auf Maschinenebene bedeutet, dass z.B. durch den Austausch von Verfahrachsen der Arbeitsbereich angepasst und durch den Austausch von Funktionsmodulen mehrere Funktionen in eine Maschine integriert werden können (Multifunktionsmaschine). Dadurch kann diese für unterschiedliche Prozesse genutzt werden. Für die Rekonfiguration von Bohr- und Fräsmodulen sowie für Verfahrachsen (Bild 2.2) und Arbeitsspindeln ist diese Form der Rekonfiguration bereits umgesetzt worden [NYHU08; BREC11; WÖRN09]. Auch die Anpassung während des Lebenszyklus‘ einer Werkzeugmaschine ist ein relevantes Rekonfigurationsszenario [NYHU8].

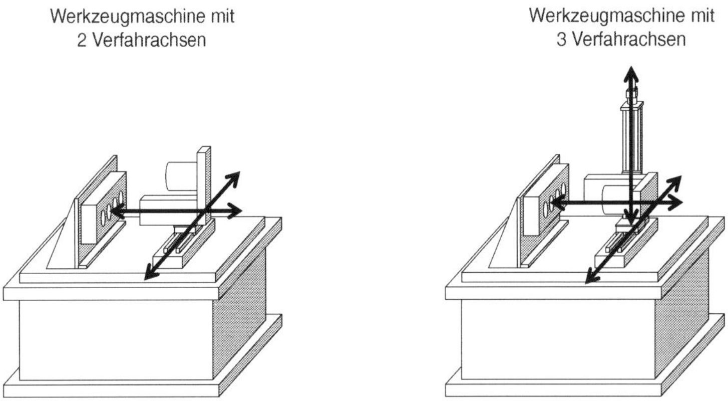

Bild 2.2: Rekonfigurierbare Werkzeugmaschine (in Anlehnung an [LAND01])

Darüber hinaus werden in der Fertigung auch mehrere Werkzeugmaschinen zu sog. rekonfigurierbaren Fertigungssystemen (engl. Reconfigurable Manufacturing Systems (RMS)) verkettet, in denen die Werkzeugmaschine selbst ein Modul darstellt. Durch eine Rekonfiguration, d.h. den Austausch oder eine veränderliche Anzahl an Werkzeugmaschinen, können unterschiedliche Produktvarianten oder Stückzahlschwankungen abgedeckt werden [LAU10; KORE11]. Eine Rekonfiguration ist dann nicht zwangsläufig mit einem mechanischen Umbau verbunden, sondern kann z.B. auch durch einen veränderten Materialfluss zwischen den stationären Werkzeugmaschinen realisiert werden [KORE11].

Rekonfigurierbare Montagesysteme

Vergleichbar zu den Werkzeugmaschinen in der Fertigung gibt es auch für Montagesysteme Konzepte zur Rekonfiguration, sowohl für Montagelinien, in denen mehrere Montagestationen verkettet werden, als auch für Montagezellen, in denen z.B. kooperierende Roboter eine Montageaufgabe übernehmen. Die zuvor vorgestellten Rekonfigurationen auf Maschinen- und auf Systemebene sind dort gleichermaßen wiederzufinden.

Für die Gestaltung von rekonfigurierbaren Montagestationen werden fünf Modultypen unterschieden (Bild 2.3) [MÜLL11a]. Das Basismodul wird z.B. als Schraub- oder Schweißkonstruktion ausgeführt und bildet das Grundgestell mit Einhausung, Versorgungsanschlüssen und weiteren Funktionen. Auf oder in dem Basismodul werden Prozessmodule angeordnet, in denen z.B. Füge- oder Inbetriebnahmeprozesse stattfinden. Die für den Montageprozess benötigten Einzelteile oder Baugruppen werden von einem Zuführungsmodul bereitgestellt, dem auch Einrichtungen zum Speichern, Vereinzeln und Positionieren zugeordnet werden können. Das entstehende Produkt wird zwischen den Prozessen von einem Transportmodul transportiert, so dass durch die Verkettung der Stationen Montagelinien entstehen.

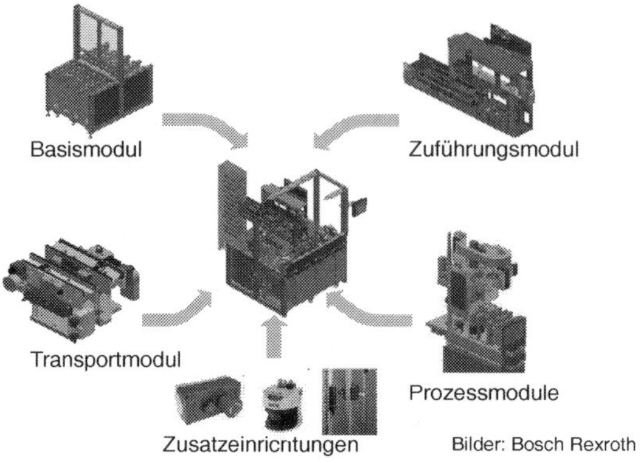

Bild 2.3: Module einer rekonfigurierbaren Montagelinie (in Anlehnung an [MÜLL11a])

Alle weiteren Elemente einer Montagestation, die sich nicht den genannten Modulen zuordnen lassen, werden als Zusatzeinrichtungen zusammengefasst. Dies können z.B. Sicherheitseinrichtungen oder Bedien- und Überwachungssysteme sein [MÜLL11a]. Durch diese konsequente modulare Gestaltung können Rekonfigurationen sowohl auf Maschinenebene, d.h. beispielsweise durch den Austausch von Prozessmodulen, als auch auf Systemebene durch den Austausch von Montagestationen erfolgen.

Ein häufiger Spezialfall eines Montagesystems sind Roboterzellen. Bereits in den Jahren 1983-1994 werden im Sonderforschungsbereich (SFB) 208 an der RWTH Aachen flexible Handhabungsgeräte erforscht, um den Einsatz von Automatisierungslösungen auch für eine variantenreiche Produktion in kleinen Stückzahlen wirtschaftlich zu gestalten [AMEL96]. Dazu wird ein neuartiger Roboter entwickelt, dessen mechanische Struktur durch Hohlgelenke die interne Verlegung von Leitungen und durch eine berührungslose Energie- und Datenübertragung endlosdrehende Achsen und damit eine größere Bewegungsfreiheit ermöglicht. Jedes Gelenk wird dabei dezentral mit Sensoren, Aktuatoren und Steuerungen ausgestattet, über einen Signalbus datentechnisch gekoppelt, über einen Energiebus gespeist und mittels einer transputerbasierten Steuerung zu einem siebenachsigen Roboter kombiniert [AMEL96].

Teile dieser Forschungsergebnisse sind mittlerweile als industrielle Lösungen erhältlich. In Bild 2.4 sind einige modulare rekonfigurierbare Roboterstrukturen beispielhaft dargestellt. Eine Rekonfiguration auf Maschinenebene bedeutet bei diesen Handhabungseinrichtungen eine Anpassung der kinematischen Struktur eines Roboters. Diese bestehen dazu aus „vorgefertigten und standardisierten Antriebsmodulen“, die aufgabenspezifisch zusammengestellt werden können [WENZ08, S. 12]. Diese Module können sowohl kinematische Glieder mit unterschiedlicher Größe und Geometrie als auch Gelenkachsen mit einer geringen Anzahl an Freiheitsgraden sein. Industriell umgesetzte Systeme, die dieser Beschreibung entsprechen, sind beispielsweise der Powerball Light Weight Arm (Bild 2.4, links) und der Dextrous Light Weight Arm (rechts) der Firma Schunk [SCHN14].

Bild 2.4: Beispiele von modularen rekonfigurierbaren Robotersystemen [SCHN14]

Insbesondere für die in dieser Arbeit betrachtete Montage von Großbauteilen ist es erforderlich, mehrere Roboter oder andere Handhabungseinheiten zu einem Handhabungssystem zu verknüpfen, um das Bauteil an mehreren Greifpunkten aufzunehmen und in einer kooperierenden Bewegung zu positionieren. Eine Rekonfiguration erfolgt dann nicht innerhalb der kinematischen Struktur eines Einzelroboters, sondern auf Systemebene [MÜLL11d]. Das bedeutet, dass die Art (z.B. Standardindustrieroboter als Vertikalknickarm-, SCARA- oder Portalkinematik oder speziell entwickelte Sonderkinematiken), Anzahl und Anordnung (d.h. die Lage das Basis-Koordinatensystems der Handhabungseinheit in Bezug zu einem Welt-Koordinatensystem; z.B. stehend/ hängend) angepasst werden können, um z.B. stark variierende Bauteilabmessungen auf einem System montieren zu können (Bild 2.5). Zudem ermöglicht die Austauschbarkeit der Module eine einfachere Wartung und Instandhaltung [WEBB05]. Ebenso kann ein Umgreifen des Bauteils im kooperierenden Verbund aus kinematischer Sicht als Rekonfiguration gesehen werden [RIED10a; MÜLL11e].

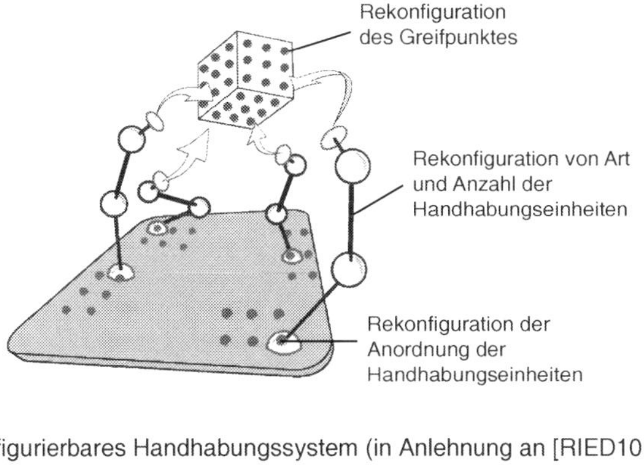

Bild 2.5: Rekonfigurierbares Handhabungssystem (in Anlehnung an [RIED10; MÜLL11d])

Mit Ausnahme der Rekonfiguration des Greifpunktes ist bei den vorgestellten Systemen eine Rekonfiguration nur durch einen manuellen Eingriff möglich. Für zukünftige Weiterentwicklungen ist allerdings auch eine automatisierte Selbst-Rekonfiguration der Handhabungssysteme denkbar, die z.B. auf Maschinenebene eigenständig ihre kinematische Struktur anpassen [MURA02; YIM07] oder auf Systemebene ihre Anordnung verändern können. Bisherige Arbeiten konzentrieren sich auf Anwendungen in der Raumfahrt [SHEN03], könnten in Zukunft jedoch auch für die Produktionstechnik interessant sein.

2.2 Selbstoptimierende Produktionssysteme

„Unter Selbstoptimierung [...] eines technischen Systems wird die endogene Anpassung der Ziele des Systems auf veränderte Einflüsse und die daraus resultierende zielkonforme Anpassung der Parameter und ggf. der Struktur und des Verhaltens dieses Systems verstanden" [ADEL09, S. 5]. Im Gegensatz zur konventionellen oder adaptiven Regelung, bei der eine fest vorgegebene Zielgröße mit unveränderlichen (konventionell) oder veränderlichen (adaptiv) Reglerparametern eingestellt werden muss [VDI90b], besitzen selbstoptimierende Systeme die Freiheitsgrade, auch die Zielgrößen eigenständig anzupassen, wodurch die Selbstoptimierung „über die bekannten Regel- und Adaptionsstrategien wesentlich" hinausgeht [ADEL09, S. 5]. Dieser Entwicklungsschritt von der klassischen Regelung zur Selbstoptimierung ist in Bild 2.6 dargestellt [SCHM11].

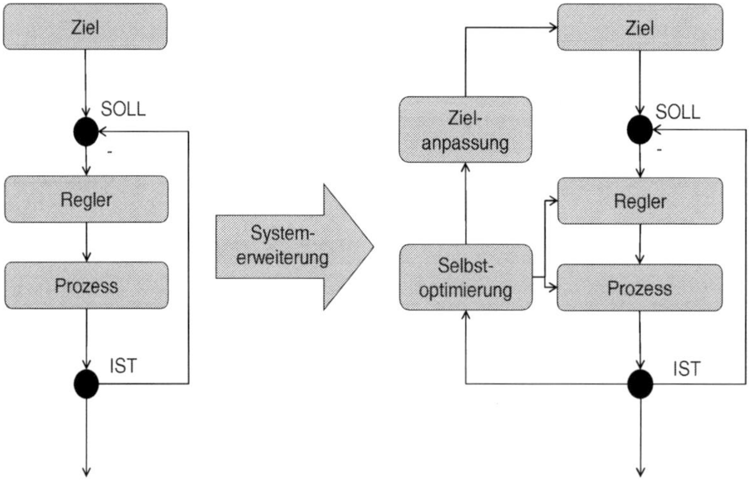

Bild 2.6: Von der klassischen Regelung zur Selbstoptimierung [SCHM11, S. 751]

Einzug in den Maschinenbau erhielt die Selbstoptimierung durch den Sonderforschungsbereich 614 „Selbstoptimierende Systeme des Maschinenbaus" der Universität Paderborn, der von 2002 bis 2013 bearbeitet worden ist [ADEL09; SFB13]. Der SFB 614 verfolgt die Vision, eine „neue Schule des Entwurfs" mechatronischer Systeme mit einer „inhärenten ‚Intelligenz'" zu erschaffen [ADEL09, Vorwort]. Diese selbstoptimierenden Systeme besitzen Fähigkeiten der Autonomie, Wandlungsfähigkeit und Kognition und sind somit in der Lage, auf veränderliche Betriebsbedingungen zu reagieren und ihre Ziele daraufhin autonom und flexibel anpassen zu können [SCHM11; ADEL09]. Mit diesen Fähigkeiten ist ein selbstoptimierendes System in der Lage, die folgenden Schritte kontinuierlich durchführen zu können [ADEL09]:

- kontinuierliche Analyse der Ist-Situation,
- Bestimmung neuer Systemziele,
- Anpassung des Systemverhaltens zur Erreichung der Ziele.

Ein in dem SFB 614 untersuchter Anwendungsfall für Selbstoptimierung ist beispielsweise die Koordination von autonomen, schienengebunden Fahrzeugen für den Personen- und Güterverkehr, die z.B. den Energiebedarf senken können, indem proaktiv Konvois gebildet werden. Auch die Verlässlichkeit selbstoptimierender Systeme (im Sinne von Verfügbarkeit, Zuverlässigkeit, Sicherheit und Vertraulichkeit) wird in dem SFB 614 untersucht. Mit der steigenden Komplexität selbstoptimierender Systeme erhöhen sich auch die davon ausgehenden Risiken, so dass für die unterschiedlichen Phasen der Gestaltung und Nutzung jeweils „verlässlichkeitsorientierte Maßnahmen" getroffen werden müssen [DELL09, S. 107]. Während bei der Konzeptionierung der Systeme der Fokus auf der Absicherung informationsverarbeitender Software liegt, wird für die Betriebsphase ein mehrstufiges Verlässlichkeitskonzept vorgeschlagen, mit dem unterschiedliche schwere Fehler oder Ausfälle von Systemkomponenten abgefangen werden können [DELL09].

In den folgenden Jahren sind die Potenziale der Selbstoptimierung für Anwendungen in der Produktionstechnik erforscht worden, um die Effizienz von immer komplexer werdenden Produktionssystemen zu steigern. Selbstoptimierung kann sowohl auf unterschiedlichen Unternehmensebenen, d.h. für organisatorische Prozesse in der Produktionsplanung oder auch maschinennah in der Prozesssteuerung, als auch in unterschiedlichen Unternehmensbereichen eingesetzt werden [SCHM11]. Da die entwickelten Lösungsansätze in der Fertigung und Montage für die untersuchten Prozesse sehr speziell und kaum übertragbar sind, konzentrieren sich die folgenden Kapitel auf den Einsatz von Selbstoptimierung in der Montageplanung und in der Prozesssteuerung.

2.2.1 Selbstoptimierung in der Montageplanung

Im Münchener Exzellenzcluster „Cognition for Technical Systems – CoTeSys" (2006-2012) werden durch die Integration von kognitiven Fähigkeiten, wie z.B. Erkennen, Schlussfolgern und Handeln, in technische Systeme neue Interaktionsmöglichkeiten zwischen Maschinen und Menschen untersucht [REIN08]. In CoTeSys werden Geräte und Roboter entwickelt, „die autonom und ‚verständig' mit Menschen zusammenarbeiten" und sich flexibel auf ihre Umgebung einstellen können [COTE13]. Mögliche zukünftige Einsatzgebiete finden sich z.B. in der industriellen Produktion, aber auch in einem häuslichen Umfeld als sog. Serviceroboter.

In der industriellen Montage werden selbstoptimierende Systeme überwiegend zur autonomen Planung von kurzfristigen Ablaufänderungen eingesetzt, beispielsweise wegen defekter oder fehlender Materialien oder fehlgeschlagener Produktionsschritte. Auch bei einem wechselnden Produktionsmix ist eine stetige Anpassung und Optimierung der Planung erforderlich [REIN08]. Damit eine automatisierte, selbstoptimierende Planung überhaupt erfolgen kann, muss eine maschinenverständliche Systembeschreibung gefunden werden, auf deren Basis eine Selbstoptimierung erst erfolgen kann. Um beispielsweise die Fähigkeiten von einzelnen Montagestationen abzubilden und darauf aufbauend eine sinnvolle Aufteilung von Arbeitsinhalten auf die Stationen vorzunehmen, kann ein graphentheoretisches Modell verwendet werden, bei dem die Planungsaufgaben auf verschiedenen Ebenen in jeweils einem eigenen Graphen abgebildet werden (Bild 2.7). Graphen sind für diese Anwendungsgebiete gut geeignet, da sie „Beziehungen zwischen Objekten unterschiedlichster Art anschaulich darstellen“ können [LAU10, S. 40].

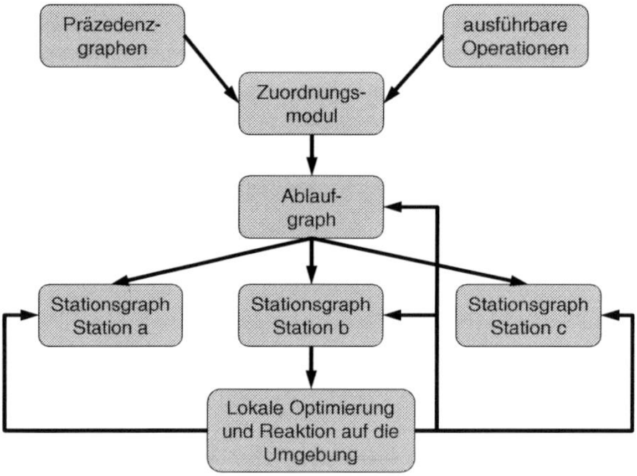

Bild 2.7: Selbstoptimierung mit einem graphentheoretischen Modell (in Anlehnung an [REIN08])

Ausgangspunkt der selbstoptimierenden Montageplanung ist der sog. Präzedenzgraph, der vom Benutzer erstellt wird und Informationen über notwendige Montageschritte und Prozessparameter enthält. Ein Zuordnungsmodul überführt den Präzedenzgraphen und eine Liste mit ausführbaren Operationen in einen Ablaufgraphen, der die Aufteilung der Montageschritte auf Montagestationen vornimmt. In einem Stationsgraphen wird schließlich dargestellt, welche Aufträge von jeder Station ausgeführt werden müssen. Dort plant jede Station eigenständig und selbstoptimierend (z.B. mit dem Kürzeste-Wege-Verfahren) den Montageablauf. Die Reihenfolge der Montageoperation wird erst nach der Vollendung des vorherigen Montageschritts festgelegt, um auf Veränderungen der Produktionsumgebung reagieren zu können [REIN08].

Auch im Aachener Exzellenzcluster „Integrative Produktionstechnik für Hochlohnländer“ wird die „selbstoptimierende Produktion“, neben den weiteren Forschungsfeldern „individualisierte Produktion“, „virtuelle Produktion“ und „integrierte Technologien“, als ein Ansatz zur Weiterentwicklung der Produktionssysteme erforscht [BREC11].

In der Montage werden die Prinzipien der Selbstoptimierung häufig in Kombination mit Robotern angewendet. Durch den zunehmenden Einsatz von kooperierenden Robotern steigt auch der Bedarf nach einer optimalen Auslegung dieser Systeme. Durch das gemeinsame Greifen eines Bauteils sind die Roboter in ihrer Bewegungsfreiheit stark eingeschränkt. Es muss daher sorgfältig geplant werden, wie die Roboter innerhalb einer Montagezelle aufgestellt werden und an welchem Greifpunkt welcher Roboter das Bauteil aufnimmt, um eine gewünschte Bauteilbewegung überhaupt ausführen zu können. In einem Algorithmus für diese „Greif- und Konfigurationsplanung“ [CORV11, S. 1027] wird unter Berücksichtigung weiterer Kriterien, wie z.B. einer „minimalen Taktzeit oder höchste Genauigkeit“ [CORV11, S. 1030], selbstoptimierend eine geeignete Lösung ermittelt.

2.2.2 Selbstoptimierung in der Prozesssteuerung

Neben der Montageplanung liegt ein Schwerpunkt der Aachener Arbeiten auf der Anwendung von Selbstoptimierung in sehr prozessnahen Montagebereichen, in denen unvorhergesehene Abweichungen am zu montierenden Produkt (z.B. auf Grund von Fertigungstoleranzen) den Einsatz von Selbstoptimierung motivieren. Auf diese Abweichungen muss während des Prozesses situationsabhängig und bauteilspezifisch reagiert werden. Entscheidend dabei ist die Modellierung und mathematische Beschreibung, mit denen die (physikalischen) Zusammenhänge maschinenverständlich beschrieben und für eine Selbstoptimierung genutzt werden können. Hierzu müssen sowohl geeignete Steuerungskonzepte als auch neue Formen der Aufgabenbeschreibung und Programmierung entwickelt werden [JANG97; HAAG11]. Die Anwendbarkeit von Selbstoptimierung in den Montageprozessen ist bislang auf wenige Spezialfälle beschränkt. Als ein geeigneter Anwendungsfall ist z.B. in der Mikromontage die Ausrichtung von optischen Komponenten in einem Lasersystem identifiziert worden [LOOS12; BREC12]. Die Qualität des Lasers ist unmittelbar von der Position und Orientierung der Linsen abhängig. Da diese nur innerhalb gewisser Fertigungstoleranzen hergestellt werden können, müssen die Toleranzen während der Montage durch eine optimierte Ausrichtung bestmöglich kompensiert werden. Durch eine Auswertung des Laserstrahls während des Montageprozesses und eine selbstoptimierende Ausrichtung der Linsen kann ein optimales Montageergebnis erzielt werden. Ein anderes Beispiel ist die Montage von Pkw-Hinterachsgetrieben. In diesem Fall ist der Einsatz von Selbstoptimierung untersucht worden, um durch eine bestmögliche Zahnradpaarung die Geräuschemissionen des Getriebes zu reduzieren [SCHM11]. Die im Fokus dieser Arbeit stehende Montage von schalenförmigen Großbauteilen ist ein weiteres Szenario, in dem die Prinzipien der Selbstoptimierung zur Prozesssteuerung eingesetzt werden können. Die bestehenden Defizite in der industriellen Praxis sowie der abzuleitende Forschungsbedarf werden in Kapitel 3 ausführlich dargestellt.

2.3 Fazit

Die Zusammenhänge zwischen rekonfigurierbaren und selbstoptimierenden Produktionssystemen sollen abschließend diskutiert werden.

Rekonfigurierbare Produktionssysteme sind ein aktueller Forschungsansatz, um durch einen Austausch von Modulen die Betriebsmittel für ein breites Aufgabenspektrum einzusetzen und somit die vorhandenen Ressourcen effizient zu nutzen. Dadurch steigt die Komplexität der Produktionssysteme jedoch an, so dass die Entwicklung von Planungssystemen erforderlich ist, um auch für häufig wechselnde Produktionsszenarien schnell eine geeignete oder sogar optimierte Konfiguration ermitteln zu können. Selbstoptimierung kann eingesetzt werden, um diese Planungsaufgaben zu übernehmen.

Eine wesentliche Eigenschaft selbstoptimierender Systeme ist neben der Analyse der Ist-Situation und der Bestimmung neuer Systemziele auch die Anpassung des Systemverhaltens und der Systemstruktur. Um diese Strukturanpassung realisieren zu können, müssen die Systeme rekonfigurierbar gestaltet sein. Die dargestellten Forschungsarbeiten auf dem Gebiet der selbstoptimierenden Produktionssysteme zeigen, dass die Prinzipien der Selbstoptimierung auf unterschiedlichen Planungs- und Steuerungsebenen angewendet werden können. Auch wenn Selbstoptimierung bislang meist nur für einzelne Teilaufgaben eingesetzt wird, ist eine deutlich umfangreiche Nutzung denkbar. Je nach Umfang ließen sich selbstoptimierende Systeme dann im „Grad der Selbstoptimierung" unterscheiden. Um diese Unterschiede mess- und vergleichbar zu machen und somit auch den technologischen Fortschritt eines Systems bewerten zu können, wäre es hilfreich eine Metrik zur Bestimmung des Grades der Selbstoptimierung zur Verfügung zu haben. Ein derartige Metrik existiert bislang nicht, könnte sich aber z.B. an die Beschreibung des Automatisierungsgrades von SHERIDAN anlehnen [SHER02], die bereits von MAYER in den Kontext der Selbstoptimierung bzw. der kognitiven Automatisierung gebracht worden ist [MAYE12] und ein interessantes Hilfsmittel zur Klassifizierung selbstoptimierender Systeme wäre.

Um die Flexibilität und Wandlungsfähigkeit zukünftiger Produktionssysteme optimal zu nutzen, bietet es sich somit an, die Funktionalitäten der Rekonfiguration und Selbstoptimierung in einem System zu kombinieren. Die Entwicklung und Beherrschung eines derartigen Systems steht im Fokus dieser Arbeit.

3 Roboterbasierte Montage von schalenförmigen Großbauteilen

Als letzter Schritt im Produktentstehungsprozess hat die Montage einen besonders hohen Wertschöpfungsanteil und damit aus betriebswirtschaftlicher Sicht eine besondere Bedeutung [BREC09a]. Da sich unmittelbar an die Montage bereits der Versand anschließt [WIEN99], umfasst die Montage nicht nur „sämtliche Vorgänge, die dem Zusammenbau von Produkten aus Einzelteilen und Baugruppen dienen“ [BULL86; SPUR86, S. 591], sondern auch alle weiteren Tätigkeiten, die vor dem Versand des Produktes geleistet werden müssen, wie z.B. das Justieren, Prüfen/ Kontrollieren, Reinigen und Verpacken. Diese Montagetätigkeiten lassen sich nach Bild 3.1 in die folgenden Aufgaben gliedern:

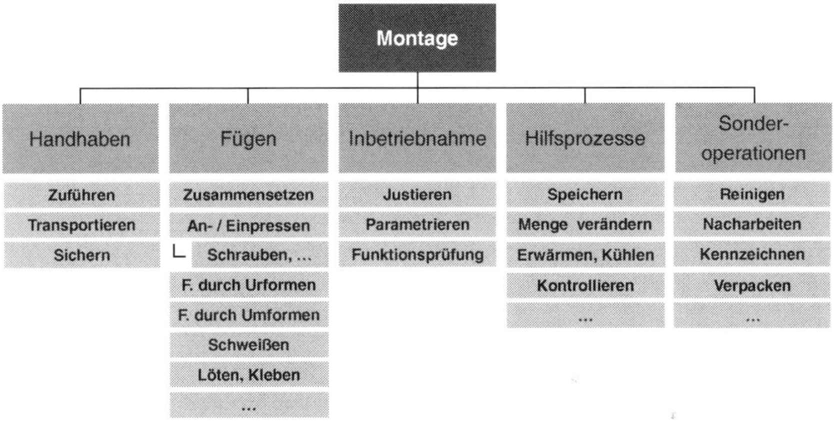

Bild 3.1: Aufgaben der Montage (in Anlehnung an [LOTT12; SPUR86])

Die Aufgabe „Handhaben“ umfasst das Zuführen von Einzelteilen zum Montageprozess sowie das Transportieren des Produktes zwischen den Montageprozessen. Neben der Aufgabe des Fügens, wie z.B. das Schrauben, Einstecken, Kleben und Nieten, sind auch Inbetriebnahmetätigkeiten, d.h. das Justieren, Parametrieren (insbesondere von mechatronischen Produkten) und die Funktionsprüfung Teilaufgaben der Montage. Sonderoperationen, wie z.B. das Kontrollieren und Verpacken, werden einer eigenen Gruppe an Teilaufgaben zugeordnet, da diese keine wertschöpfende Tätigkeiten darstellen. Alle weiteren Tätigkeiten, die sich den beschriebenen Aufgabengruppen nicht zuordnen lassen (wie z.B. das Reinigen), werden als Hilfsoperationen zusammengefasst.

Die systematische Auslegung eines Montagesystems erfolgt „zweckbestimmt für ein Produkt oder eine Produktgruppe“ [SPUR86, S. 591], da das zu montierende Produkt „implizit die Aufgabenstellung“ [SPUR86, S. 593] und somit die Anforderungen an die Montageprozesse und die Betriebsmittel enthält. Als Betriebsmittel werden in diesem Zusammenhang alle „Anlagen, Geräte und Einrichtungen, die zur betrieblichen Leistungserstellung dienen“, bezeichnet [EVER99, S. 106f]. Das können Maschinen, Werkzeuge, aber auch Werker und Medien (z.B. Druckluft) sein, die an der Fertigstellung des Produkts beteiligt sind, ohne Teil des Produkts zu werden (im Gegensatz zu z.B. Füllstoffen). Umgekehrt können auch die Betriebsmittel und Prozesse Einfluss auf die Produktgestaltung haben, was im Allgemeinen als „montagegerechte Produktgestaltung“ [EVER99, S. 36] bezeichnet wird. Bild 3.2 verdeutlicht die Systematik zur Auslegung eines Montagesystems.

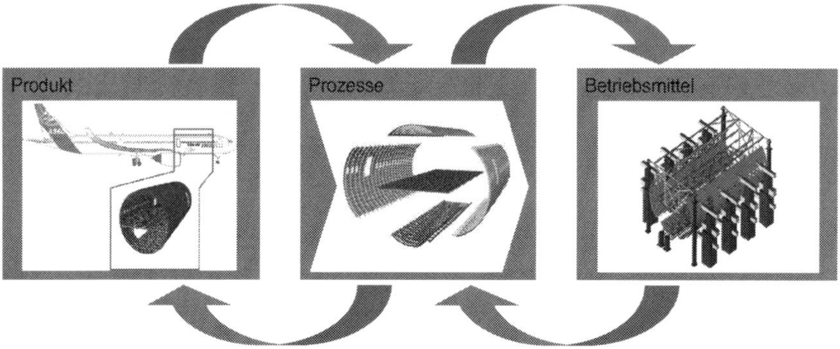

Bild 3.2: Systematik zur Auslegung eines Montagesystems (in Anlehnung an [MÜLL13])

Diese allgemeine Systematik lässt sich auch auf die Entwicklung von Montagesystemen für Großbauteile anwenden. Großbauteile stellen jedoch besondere Herausforderungen an die Montagesysteme, da Einflussgrößen, die für kleine Bauteile beherrschbar sind, besonders berücksichtigt werden müssen. Abgesehen von Bauteilverformungen durch Gravitation, die sich insbesondere in Abhängigkeit von der Bauteilgeometrie bemerkbar machen, korrelieren Materialdehnungen durch Temperaturschwankungen oder fertigungsbedingte Bauteiltoleranzen direkt mit der Bauteilgröße. Während die häufig verwendeten „Allgemeintoleranzen“ nach DIN ISO 2768 für viele Anwendungen im Maschinenbau ausreichend sind, um die Funktionsfähigkeit der Produkte sicherzustellen, müssen für die Montage von Großbauteilen häufig deutlich engere Toleranzvorgaben eingehalten werden [DIN91; SCHM14a].

Gemäß der beschriebenen Systematik werden daher in den folgenden Kapiteln zunächst aktuelle Herausforderungen und der Stand der Technik im Flugzeugbau beschrieben. Da der Fokus der Arbeit auf der Entwicklung eines Steuerungssystems für rekonfigurierbare Handhabungssysteme liegt, sind auch die Grundlagen zur Steuerung und Programmierung der Handhabungssysteme eine wichtige Säule für die weiteren Forschungsarbeiten. Aus den bestehenden Defiziten in der industriellen Praxis kann schließlich der resultierende Forschungsbedarf für diese Arbeit abgeleitet werden.

3.1 Aktuelle Herausforderungen im Flugzeugbau

Die Montage von großen Flugzeugstrukturen ist aktuell im Fokus verschiedener Forschungsvorhaben, da der (zivile) Flugzeugbau derzeit einem starken Wandel unterliegt. Aus produktionstechnischer Sicht gibt es dafür zwei wesentliche Ursachen:

Zum einen ergeben sich durch den vermehrten Einsatz von kohlenstofffaserverstärkten Kunststoffen (CFK) Änderungen in den Montageprozessen, auf die durch eine entsprechende Anlagentechnik reagiert werden muss. Während bislang beim Einsatz von Aluminium-Bauteilen das elastische Verhalten des Werkstoffs zum Toleranzausgleich ausgenutzt werden konnte, sind diese Methoden beim Einsatz von CFK nicht mehr zulässig. Stattdessen müssen beim Fügen auftretende Spalte durch eine Füllmasse, dem sog. Shim-Material, geschlossen werden [MEIN07; IFAM13].

Zum anderen ergeben sich für die Flugzeughersteller aus einem zunehmend globalen Wettbewerb neue Herausforderungen, aber auch Chancen. Während bislang der europäische Airbus-Konzern, der amerikanische Boeing-Konzern und der kanadische Bombardier-Konzern den zivilen Flugzeugmarkt beherrscht haben, drängen seit einigen Jahren weitere Flugzeughersteller, wie z.B. Embraer (aus Brasilien), der UAC-/OAK-Konzern (aus Russland) und COMAC/ SASAC (aus China), auf den zivilen Flugzeugmarkt [WOLF11]. Die damit entstehende Konkurrenzsituation schafft einen Preisdruck, dem die europäischen und nordamerikanischen Hochlohnländer durch moderne, effiziente Produktionstechnologien begegnen müssen. Durch die wachsende Zahl an Flugzeugherstellern erweitert sich andererseits aber auch der Kundenmarkt für die Flugzeugzulieferer und Hersteller von Montagesystemen, so dass sich die bisherigen Airbus- und Boeing-Zulieferer künftig auf ein breiteres Produktspektrum und neue Montageprozesse einstellen können. Um diesen neuen, zunächst kleinvolumigen Markt bedienen zu können, werden flexible, rekonfigurierbare Produktionssysteme benötigt, mit denen die Montage unterschiedlichster Produkte schnell und wirtschaftlich umgesetzt werden kann.

3.2 Stand der Technik im Flugzeugbau

Um neue Lösungen für die Produktion von Flugzeugstrukturen entwickeln zu können, muss zuerst ein allgemeines Verständnis für die Problemstellung geschaffen werden. Daher werden zunächst der Aufbau von Flugzeugstrukturen (Produkt), die wichtigsten Montageprozesse und existierende Betriebsmittel für die Durchführung der Montageprozesse vorgestellt.

3.2.1 Aufbau von Flugzeugstrukturen

Ein Flugzeug lässt sich nach DIN 9020 in die drei Konstruktions-Hauptgruppen Struktur, Triebwerksanlage und Ausrüstung einteilen [DIN83; ENGM08]. Die Struktur lässt sich wiederum in Flügel/ Tragwerk, Rumpf/ Rumpfwerk, Höhen-/Seitenleitwerk, Steuerwerk und Fahrwerk weiter aufgliedern [ENGM08; GOET09; HUEN08], wobei das Rumpfwerk mit seinen großen Bauteilen im Fokus dieser Arbeit steht und daher im Folgenden näher betrachtet wird.

Das Rumpfwerk dient als Druckkabine zur Aufnahme von Besatzung, zur Unterbringung von Nutzlast und zur Verbindung von Flügel, Leitwerk und Fahrwerk. Es muss eine stromlinienförmige Geometrie haben und die am Rumpf wirkenden Kräfte sowie Druckschwankungen aufnehmen. Ein Flugzeugrumpf lässt sich in vier Hauptteile einteilen. Das sind der vordere Rumpfteil von der Rumpf-Nasensektion bis zu den Tragflächen, ein mittlerer Teil mit dem Flügel-Mittel-Kasten (engl. „wing center box"), ein hinterer Rumpfteil sowie das Rumpfende, das hinter der Druckkalotte nicht mehr druckbeaufschlagt wird [ENGM08]. Die einzelnen Rumpfteile werden wiederum in Sektionen aufgeteilt, die von vorne nach hinten aufsteigend zweistellig nummeriert werden (d.h. beginnend mit der „Sektion 11" mit der Rumpf-Nasensektion und dem Cockpit) [ENGM08].

Die Bauweise dieser Sektionen kann prinzipiell in drei Gruppen gegliedert werden: den Fachwerkbau, die Holm- bzw. Gurtbauweise und die Schalenbauweise. Die in der zivilen Luftfahrt gebräuchlichste Bauweise ist die Schalenbauweise, da diese gegenüber den anderen Varianten eine gute Materialausnutzung, eine sehr leichte Konstruktion, einen uneingeschränkten Innenraum (da keine Querstreben erforderlich sind) sowie höhere Fluggeschwindigkeiten ermöglicht [ENGM08]. Eine Sektion wird üblicherweise in der „Halbschalenbauweise" (bestehend aus einer Oberschale und einer Unterschale) oder der „Vierschalenbauweise" (bestehend aus Oberschale, Unterschale sowie linke und rechte Seitenschale) aufgebaut [FRAU09]. Eine Flugzeugschale setzt sich aus einem Hautfeld mit Stringern als Längsversteifung und Spanten als Querversteifung zusammen. Jeder Spant stellt ein Ringsegment dar, so dass die Spante einer Flugzeugsektion sog. Spantringe bilden (Bild 3.3), von denen es mehr als hundert im gesamten Flugzeugrumpf gibt [ENG08].

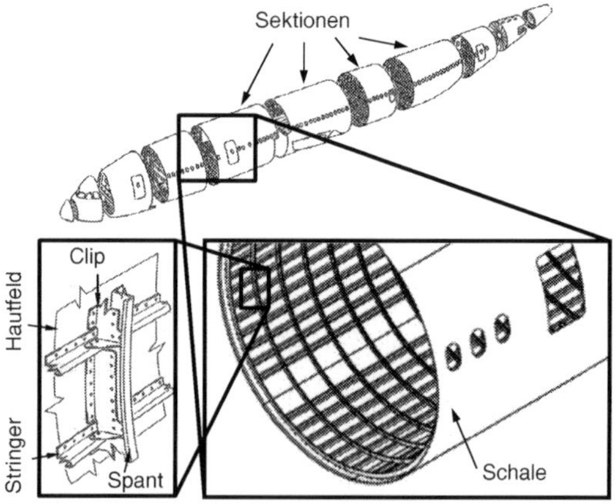

Bild 3.3: Aufbau eines Flugzeugrumpfes (in Anlehnung an [ENGM08; MÜLL11a])

Da sich der Rumpf in großen Flughöhen auf Grund des Kabinendrucks elastisch aufweitet, treten starke Zugspannungen zwischen Hautfeld und Spanten auf. Dieser Belastungszustand wird dadurch reduziert, dass die Spante über sog. Clips indirekt mit dem Hautfeld vernietet werden [ENG08]. Clips stellen Befestigungswinkel dar, die mit der einen Anlagefläche am Spant, mit der anderen Fläche am Hautfeld verbunden werden. In der Regel wird in jedem Zwischenraum der über einhundert Spante und einhundert Stringer ein Clip angebracht, so dass im gesamten Flugzeugrumpf mehrere tausend Clips montiert werden müssen. Da jeder Clip für einen speziellen Zwischenraum konstruiert ist, ist dessen Einbauposition im Flugzeugrumpf eindeutig zugeordnet, so dass sich Herausforderungen nicht nur bei der Montage, sondern auch bei der Logistik und Teilebereitstellung ergeben.

Der Ursprung der beschriebenen Schalenbauweise liegt in dem Baumaterial Aluminium, das auf Grund seiner geringen Dichte in der Vergangenheit und auch heute noch häufig im Flugzeugbau eingesetzt wird. Für die Flugzeugstruktur werden zunehmend jedoch Faserverbundkunststoffe, insbesondere CFK, eingesetzt. Auf Grund ihrer noch geringeren Dichte und hohen Festigkeit lassen sich das Flugzeuggewicht und damit der Energieverbrauch im Betrieb weiter reduzieren. Bild 3.4 gibt einen Eindruck über den gestiegenen Anteil an Faserbundkunststoffen in der Flugzeugstruktur [APMA09; APMA11].

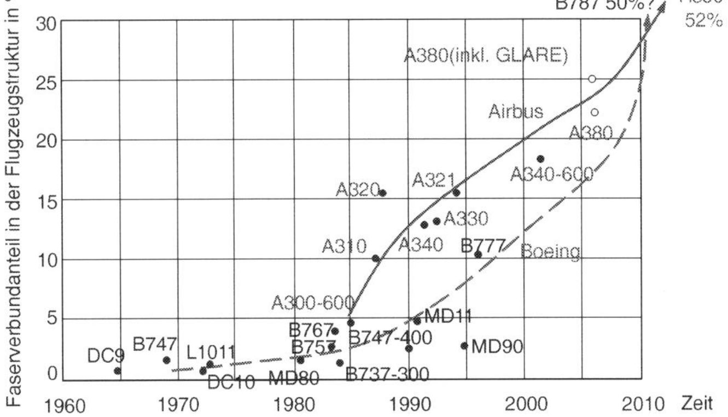

Bild 3.4: Faserverbundanteil in der Flugzeugstruktur (in Anlehnung an [APMA09; APMA11])

Der starke Anstieg an CFK lässt sich dadurch erklären, dass bislang metallische (Aluminium-) Bauteile durch (schwarze) CFK-Bauteile ersetzt worden sind (sog. „Black-Metal"-Bauweise). Dies führt zwar zur gewünschten Reduzierung des Bauteilgewichts, nutzt jedoch die mechanischen Eigenschaften des CFK und damit das Leichtbaupotenzial dieses Werkstoffs nicht optimal aus. Es wird mehr CFK-Material verbaut, als für die Festigkeit der Bauteile erforderlich wäre. Der zunehmende und zugleich ineffiziente Einsatz von CFK führt dazu, dass die Produktionstechnik in der CFK-Herstellung an ihre Grenzen stößt und die steigende Nachfrage mit bestehenden Produktionsprinzipien künftig nicht mehr gedeckt werden kann. Ein Lösungsansatz liegt darin, die Bauteilgeometrien neu zu entwerfen und den Materialeinsatz an die vorherrschenden Lastfälle anzupassen. Bei Berücksichtigung der anisotropen mechanischen Eigenschaften ergeben sich daraus völlig neuartige Flugzeugstrukturen, deren Gestaltung Gegenstand künftiger Forschungsvorhaben ist und in dieser Arbeit nicht näher betrachtet werden können.

Im Folgenden wird daher von einer heute üblichen Flugzeugstruktur in der beschriebenen Schalenbauweise mit CFK als Baumaterial ausgegangen und die Montage dieser Flugzeugschalen sowie deren Zusammenbau zu Sektionen vorgestellt.

3.2.2 Montageprozesse in der Flugzeugstrukturmontage

Eine wesentliche Aufgabe in der Flugzeugstrukturmontage besteht in der Handhabung und korrekten Positionierung der Großbauteile, da diese keine ausreichende Eigensteifigkeit besitzen und an mehreren Punkten aufgenommen und unterstützt werden müssen. Zudem müssen Verformungen, die insbesondere auf Grund des Eigengewichts entstehen, ausgeglichen werden. Bei der Handhabung sind außerdem Kraftgrenzen einzuhalten, um eine Beschädigung des Bauteils während der Handhabung auszuschließen.

In der Montage von Flugzeugprimärstrukturen treten derartige Handhabungsaufgaben in drei wesentlichen Prozessschritten auf. Das sind die

1. Stringerintegration,
2. Schalenmontage und
3. Sektionsmontage,

die sich zusammen mit den Fertigungsprozessen (CFK-Tapes legen, Konsolidierung im Autoklaven, Fräsbearbeitung etc.) in die Produktionskette einreihen. Neben dem Handhaben/ Positionieren ist auch das Fügen wichtiger Bestandteil der Prozesse. In den genannten Prozessen werden die Bauteile insbesondere durch Kleben und durch Nieten gefügt. Da der Fokus der Arbeit auf dem Handhaben und Positionieren liegt, wird auf die Fügeprozesse nicht detaillierter eingegangen.

Stringerintegration

Im Falle von CFK als Baumaterial werden im ersten Montageschritt konsolidierte Stringer auf einem noch nicht ausgehärteten Hautfeld abgelegt. Zur Vereinfachung der Ablage bietet es sich an, das Hautfeld in der sog. Wannenlage zu positionieren (Bild 3.5). Die Wannenlage bietet den Vorteil, dass die Schwerkraft ausgenutzt werden kann und das Hautfeld sich automatisch an eine geometriegebende Vorrichtung anschmiegt, ohne dort mechanisch oder mit Vakuumaufnahmen verspannt werden zu müssen. Damit die Werker jedoch alle Montagepositionen erreichen können, muss das Hautfeld begehbar sein und dafür vollflächig unterstützt werden. Das führt dazu, dass die geometriegebende Vorrichtung sehr stabil ausgeführt werden muss und Beschädigungen am Bauteil dennoch nicht vermieden werden können.

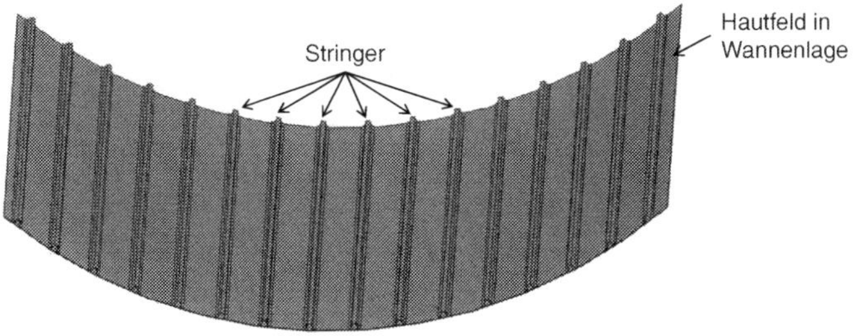

Bild 3.5: Stringerintegration in der Wannenlage

Eine Alternative zum Betreten des Hautfeldes ist der Einsatz von Vorrichtungen, auf denen der Werker liegt und über dem Bauteil „schwebt". Diese Form der Montage ist jedoch äußerst unergonomisch, kann aber für eine qualitätsgesicherte Stringermontage nicht vermieden werden.

Trotz einer Hautfeld- bzw. Stringerlänge von bis zu 32 m und einer Hautfeldbreite von bis zu 3,5 m müssen die Stringer mit Toleranzen von unter einem Millimeter auf dem Hautfeld positioniert werden [FOIT12; WOUT10]. Auf den vier Hautfeldern, die eine Sektion des Flugzeugrumpfes bilden, müssen insgesamt über hundert Stringer abgelegt werden [ENG08]. Nach dem Ablegen werden die Stringer zunächst durch eine Klebeverbindung am Hautfeld vorfixiert. Die finale Verbindung der Bauteile erfolgt in einem anschließenden Autoklavprozess, bei dem unter hohem Druck und hohen Temperaturen das CFK-Hautfeld ausgehärtet und unlösbar mit den Stringern verbunden wird.

Schalenmontage

Bei der Schalenmontage wird das Hautfeld, das zuvor mit Stringern in Längsrichtung verstärkt worden ist, mit mehreren Spanten in tangentialer Richtung versteift. Die Befestigung der Spante am Hautfeld erfolgt, wie bereits beschrieben, indirekt über Clips. Der fertige Zusammenbau aus Hautfeld, Stringern, Clips und Spanten wird als Schale bezeichnet.

Da die Bauteile nicht in einem verspannten Zustand verbaut werden dürfen, müssen Verformungen des Hautfeldes bei der Montage kompensiert und das Hautfeld an die korrekte Krümmung der Spante angepasst werden. Im Montageprozess werden üblicherweise zu Beginn zuerst alle Spante einer Schale auf einer Vorrichtung aufgereiht und in ihrer Position fixiert, bevor dann das Hautfeld in die richtige Kontur gebracht und dazu ausgerichtet wird [SCHM13b]. Bei dieser Montageabfolge wird das Hautfeld in der sog. Buckellage zu den Spanten positioniert (Bild 3.6). Anschließend werden die Clips an ihrer jeweiligen Einbauposition zwischen Hautfeld und Spant zunächst verklebt, bevor eine dauerhafte Nietverbindung hergestellt wird. Durch Unregelmäßigkeiten der Fügeflächen zwischen Hautfeld und Clip entstehen Spalte, die durch Shim-Material geschlossen werden müssen. Da der Shim meist aus einem Zwei-Komponenten-Kleber besteht, können Clip und Hautfeld temporär verbunden werden. Durch ein mehrmaliges „Probefügen" wird ermittelt, wieviel Füllmasse zum Schließen des Spalts benötigt wird. Erst nach einem mehrstufigen Prozess können Clips und Hautfeld endgültig durch eine Nietverbindung gefügt werden [IFAM13].

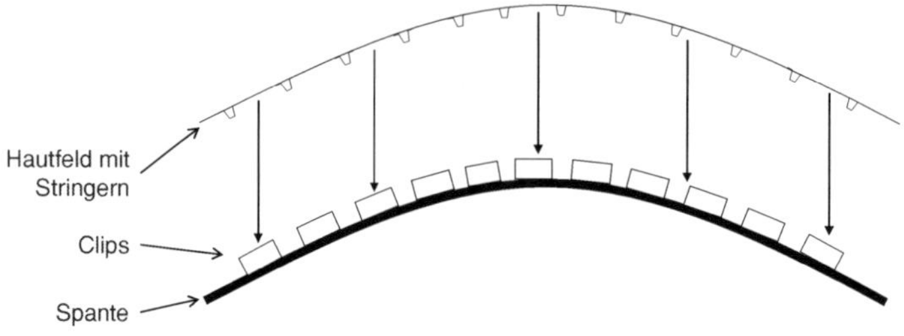

Bild 3.6: Schalenmontage in der Buckellage

Sektionsmontage

Bei der Sektionsmontage werden Oberschalen, Unterschalen, rechte und linke Seitenschalen sowie mind. ein Fußbodenrost zu einer Sektion montiert (Bild 3.7) [LEHM00]. Nachdem der Fußbodenrost auf einem sog. Zentralträger fixiert worden ist, werden im nächsten Schritt die Seitenschalen positioniert und mit dem Fußbodenrost verbunden. In dieser Anordnung befinden sich die Seitenschalen in der sog. C-Lage, d.h. in einer vertikalen Ausrichtung. Bei der Montage in C-Lage sind die Arbeitsbereiche am Hautfeld für den Werker in hockender oder stehender Position erreichbar, so dass die ergonomischen Bedingungen in dieser Bauteillage deutlich günstiger sind als bei der Wannenlage. Über Gerüste und Podeste kann der Werker seine Arbeitshöhe anpassen. Da der Werker die Schale nicht betritt, ist die Gefahr von Bauteilbeschädigungen während der Montage sehr gering. Auf Grund der Schwerkraft und ihrer geringen Eigensteifigkeit verformt sich die Schale in dieser Lage allerdings, so dass über entsprechende Anlagentechnik sichergestellt werden muss, dass diese Verformungen korrigiert werden können.

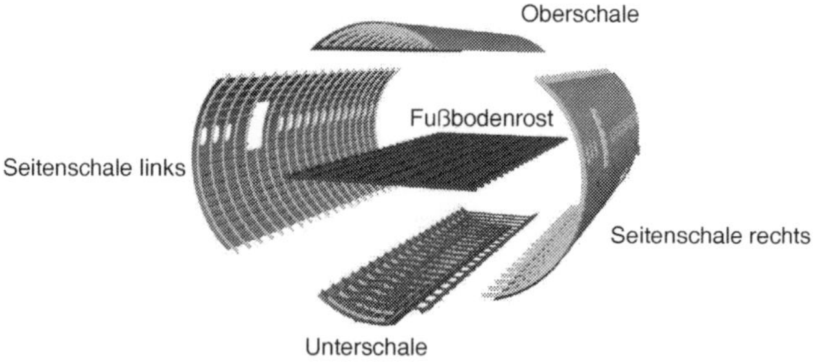

Bild 3.7: Montage einer Flugzeugsektion [MÜLL13]

Nach dem Positionieren der Seitenschalen werden die Oberschale (in Buckellage) und die Unterschale (in Wannenlage) an die Seitenschalen montiert. Bei dem Positionieren dieser großen Bauteile lassen sich Trennstellen, die außerhalb der zulässigen Toleranzgrenzen liegen, nicht vermeiden [LEHM00]. Um die Schalenbauteile dennoch fügen und die gewünschte Gesamtgeometrie herstellen zu können, existieren zwischen den Schalen Überlappbereiche, mit denen z.B. Fertigungstoleranzen ausgeglichen werden können. Anschließend werden die Sektionen zu einem Flugzeugrumpf gefügt, worauf an dieser Stelle jedoch nicht näher eingegangen werden kann [FRAU09].

3.2.3 Handhabungssysteme in der Flugzeugstrukturmontage

Für die beschriebenen Montageprozesse von Flugzeugstrukturen werden bisher größtenteils geometriegebende Vorrichtungen eingesetzt, damit auch bei großen Bauteilen die erforderlichen Montagetoleranzen eingehalten werden können. Um dies sicherzustellen, müssen die starren Vorrichtungen bei der Inbetriebnahme eingemessen werden, um die Maßhaltigkeit der geometriegebenden Formen zu garantieren. Durch den hohen Materialeinsatz und das aufwändige Einmessen bei der Inbetriebnahme verursachen diese Vorrichtungen hohe Kosten. Ein weiterer Nachteil ist, dass diese Kosten bereits zur Produktion des ersten Flugzeugs anfallen und die Investitionen sich erst über die gesamte Produktionszeit dieses Flugzeugmodells amortisieren. Dieser Zeitraum kann für einige Flugzeugmodelle mehrere Jahre oder Jahrzehnte betragen [MÜLL11a]. Insbesondere für den Produktionsstart von neuen Flugzeugvarianten mit kleinen Stückzahlen werden flexiblere Produktionssysteme gewünscht, die für mehrere Produkte genutzt werden können und damit den Investitionszwang in teure, bauteilspezifische Anlagentechnik aufheben.

An dieser Entwicklung und Befähigung neuer Montagesysteme für Großbauteile beteiligen sich mehrere Forschungseinrichtungen und Industrieunternehmen. Bereits in der Einleitung dieser Arbeit ist dargestellt worden, dass die Flexibilität von Montagesystemen für Großbauteile in der Vergangenheit bereits deutlich gesteigert werden konnte [SARH92; WOLL01]. Neben teilverstellbaren Vorrichtungen, bei denen Bauteil-Aufnahmepunkte (ohne eigene Aktorik) innerhalb vorgegebener Grenzen verändert werden können, werden heute insbesondere, programmierbare, roboterbasierte Montagesysteme (mit eigener Aktorik) für Großbauteile erforscht und entwickelt. Für einzelne Montageprozesse/-stationen existieren bereits geeignete Lösungen, und in den kommenden Jahren wird diese Entwicklung immer mehr Bereiche der Flugzeugproduktion erreichen.

Roboterbasierte Stringerintegration

Für den Prozess der Stringerintegration werden aktuell Systeme entwickelt, in denen kooperierende Industrieroboter die Stringer auf einem Hautfeld ablegen. In ersten Vorentwicklungen werden bis zu 32 m lange Stringer von bis zu zwölf Industrierobotern mit einer Genauigkeit von einem Millimeter abgelegt (Bild 3.8) [WOUT10].

Bild 3.8: Vorentwicklung zur roboterbasierten Stringerintegration [WOUT10]

Darauf aufbauende Entwicklungen orientieren sich stärker am realen Produktionsprozess und berücksichtigen auch die Zugänglichkeit der Ablageposition sowie den Fügeprozess von Stringer und Hautfeld. Im Technologiezentrum Nordenham werden in Untersuchungen mit verkleinerten Bauteilen 7 m lange Stringer von zwei Industrierobotern zum Hautfeld positioniert und durch einen speziell entwickelten Rollklebekopf an das Hautfeld gedrückt und verklebt. Um den gesamten Arbeitsraum abzudecken, wird ein Roboter auf einer Linearachse entlang des Hautfeldes verfahren, während der zweite Roboter ortsfest am Ende des Hautfeldes die Handhabung der langen Bauteile unterstützt (Bild 3.9). Da die absolute Positioniergenauigkeit der Roboter nicht ausreicht, um den Stringer mit einer Genauigkeit von 0,3 mm im Hautfeld abzulegen, und zudem weitere Abweichungen durch Prozesskräfte auftreten, müssen diese z.B. mit einem Lasertracker messtechnisch überwacht werden, so dass Positionierfehler der Roboter erkannt und ausgeregelt werden können [FOIT12].

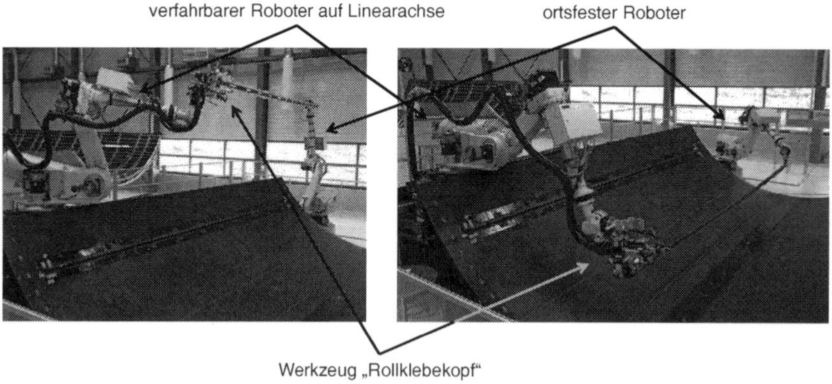

Bild 3.9: Roboterbasierte Stringerintegration [FOIT12]

Auf Grund positiver Prototypen-Tests wird dieses Konzept für eine industrielle Umsetzung weiterentwickelt. Dann sollen Stringer mit einer Länge von bis zu 18 m in einem Arbeitsbereich von 18 m x 3,5 m von vier Robotern auf jeder Seite des Hautfelds abgelegt werden [FOIT12].

Roboterbasierte Schalenmontage

Für die Schalenmontage konzentrieren sich bisherige Arbeiten insbesondere auf das roboterbasierte Fügen von Clips (Bild 3.10, links) [IFAM13]. Das exakte Positionieren der Clips ist derzeit noch eine große Herausforderungen, da auf dem Hautfeld kaum Referenzmerkmale (Bohrungen, Kanten o.ä.) existieren, anhand derer die Einbauposition der Clips bestimmt werden kann. Ebenso ist der iterative Prozess zum Ermitteln und Auftragen der benötigten Shim-Menge (vgl. Kapitel 3.2.2) schwer zu automatisieren. Aktuelle Forschungsprojekte untersuchen daher auch, ob die erforderliche Menge an Füllmasse vorab messtechnisch ermittelt und der Fügeprozess als „Ein-Schritt-Montage“ umgesetzt werden kann [IFAM13, S.104]. Für das anschließende finale Vernieten der Verbindung wird ein roboterbasiertes System z.B. von WEBB beschrieben (Bild 3.10, rechts) [WEBB05]. Die Positionierung des Hautfeldes erfolgt in beiden Systemen innerhalb eines starren Rahmens.

Bild 3.10: Roboterbasiertes Fügen von Clip und Hautfeld [IFAM13; WEBB05]

Für eine weitere Flexibilisierung der Schalenmontage ist es erforderlich, auch die Positionierung des Hautfeldes über ein roboterbasiertes System abzubilden, um bauteilspezifische Vorrichtungen möglichst vollständig zu vermeiden. Bereits im Jahr 2004 wurde an der TU Hamburg-Harburg eine Lösung vorgestellt, bei der zwei Industrieroboter die Aufgabe der Schalenpositionierung übernehmen. In Bild 3.11 ist jedoch zu erkennen, dass dazu große Greifer erforderlich sind [WOLL09].

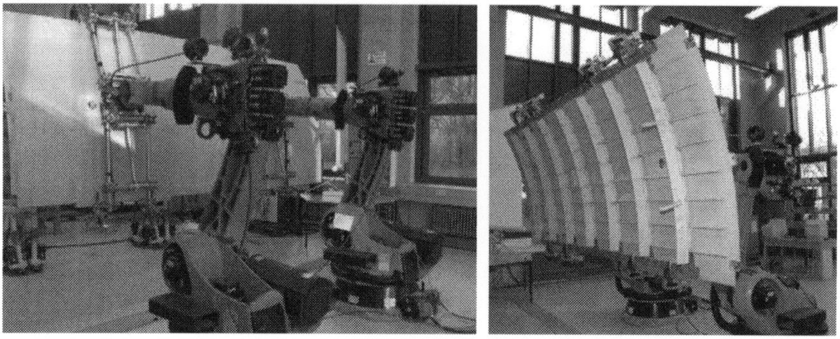

Bild 3.11: Großbauteilhandling mit kooperierenden Robotern [WOLL09]

Damit sich das Handhabungssystem selbstständig an die Geometrien unterschiedlicher Schalen anpassen und die Bauteile durch Verschieben, Kippen, Drehen und Verformen innerhalb zulässiger Grenzen für die Montage positionieren kann, werden die großen Greifer zunehmend durch kleinere Bauteilaufnahmen, z.B. in Form von Vakuumgreifern, ersetzt. Dadurch ist es möglich, das Handhabungssystem an unterschiedliche Bauteilkrümmungen anzupassen und zudem Bauteilabweichungen durch gezielte Krafteinleitung punktuell zu korrigieren. Bei der Verwendung von drei oder mehr Vakuumsaugern pro Greifer ist es zudem möglich, Biegemomente aufzubringen und somit auch die Bauteilkrümmung lokal anzupassen. Parallelkinematiken, z.B. Hexapoden, sind auf Grund ihrer hohen Steifigkeit und der damit verbundenen hohen Positioniergenauigkeit für diese Aufgabe gut geeignet [WOLL09]. Im Großforschungszentrum CFK Nord in Stade wird eine derartige Entwicklungsplattform für adaptive Montageprozesse von Großbauteilen aufgebaut (Bild 3.12). Zur Überwachung und Dokumentation der auftretenden Prozesskräfte sind die Hexapoden mit Kraft-Momenten-Sensoren ausgestattet. Mit den sechs realisierten Einheiten können unterschiedliche Großstrukturen mit verschiedenartigen Geometrien ohne Umrüsten aufgenommen werden [IFAM13].

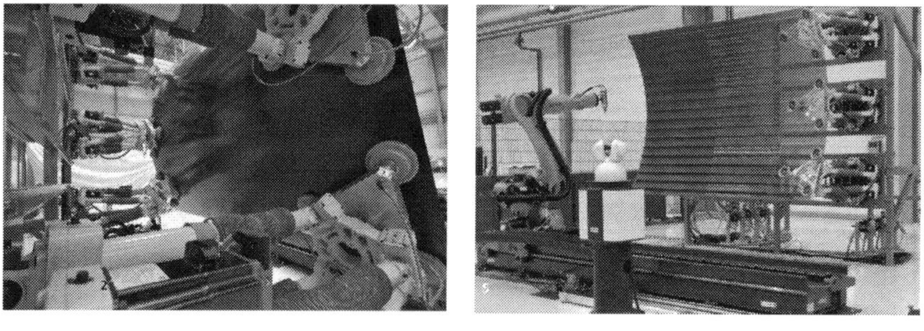

Bild 3.12: Schalenpositionierung mit Hexapoden [IFAM13]

Roboterbasierte Sektionsmontage

Von den drei hier vorgestellten Montageprozessen ist die Sektionsmontage der erste Prozess, der durch ein roboterbasiertes System flexibel automatisiert wurde [SARH92; WOLL01]. Das hierzu verwendete Positioniersystem besteht aus mehreren Linearaktuatoren, von denen jeweils drei vertikal angeordnet einen sog. „Turm" ergeben. Je nach Größe der zu montierenden Sektionen kann die Anzahl der Türme variiert werden. Durch Einbindung von Lasertrackern (als sog. globale Messsysteme) und/oder Kamerasystemen (als sog. lokale Messsysteme) können die Linearaktuatoren an die Geometrie unterschiedlicher Flugzeugschalen angepasst und diese für die Sektionsmontage messtechnisch gestützt zueinander positioniert werden. Kraft-Momenten-Sensoren an den Endeffektoren stellen sicher, dass Kraftgrenzen, die zu einer Beschädigung des Bauteils führen würden, nicht überschritten werden [WOLL01]. Seit den ersten Konzepten (Bild 3.13, links) ist das System bereits in industriellen Anwendungen realisiert worden und wird bis heute kontinuierlich weiterentwickelt (Bild 3.13, rechts). Neben dem ursprünglichen Positionierkonzept mit Linearaktuatoren werden zunehmend Hexapoden, die zuvor für den Bereich der Schalenmontage vorgestellt wurden, auch in der Sektionsmontage eingesetzt [STEP07; WOLL09].

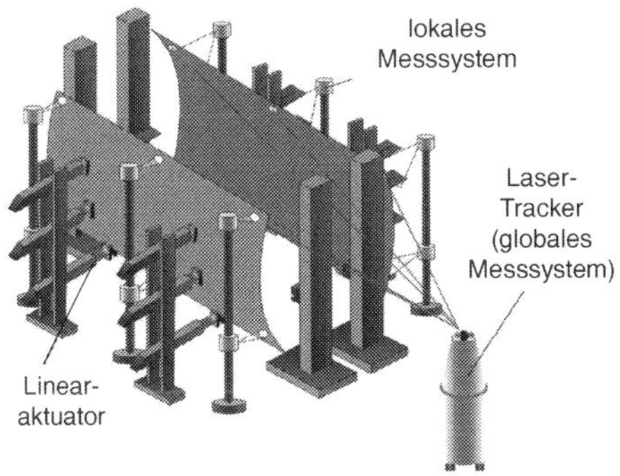

Bild 3.13: Konzept (links) und Realisierung (rechts) einer roboterbasierten Sektionsmontage [WOLL01; DÜRR12]

Neben diesen mechanischen Weiterentwicklungen erfolgen die wesentlichen Innovationen jedoch im Bereich der Mess- und Steuerungstechnik. Diese Weiterentwicklungen sind erforderlich, da sich im industriellen Einsatz gezeigt hat, dass die bisherigen Steuerungskonzepte selten eine vollautomatisierte Prozesssteuerung zulassen und die in der Maschinentechnik enthaltene Funktionalität somit nicht voll ausgenutzt werden kann. Grund dafür ist im Wesentlichen, dass die bei der Positionierung auftretenden Kraftflüsse innerhalb der Schale und zwischen den Linearaktuatoren nicht in einem Steuerungsmodell hinterlegt sind und dadurch beim Positioniervorgang Kraftgrenzen erreicht werden. Das fehlerbehaftete Anfahren von Greifpositionen der Linearaktuatoren führt zusätzlich dazu, dass eine Differenz zwischen geplanten und ausgeführten Aktuatorbewegungen auftritt und damit weitere Verspannungen in das Bauteil eingebracht werden [WOLL04a]. In der Folge muss die automatisierte Anlage stillgesetzt und der Prozess manuell zu Ende geführt werden [SCHM13b].

Messtechnik in der roboterbasierten Flugzeugstrukturmontage

Die beschriebenen Anwendungen zeigen, dass Handhabungssysteme in der Großbauteilmontage ein großes Arbeitsvolumen abdecken und (bezogen auf das Arbeitsvolumen) hohe Genauigkeitsanforderungen bei der Positionierung erfüllen müssen. Für die gezeigten Bauteilstrukturen und Montageprozesse liegt das abzudeckende Arbeitsvolumen beispielsweise bei einigen hundert Kubikmetern, in dem die Bauteile mit einer Genauigkeit von wenigen Zehntelmillimetern positioniert werden müssen. In der Norm wird als Pose[3]-Genauigkeit die Abweichung zwischen einer programmierten Soll- und einer erreichten Istpose bezeichnet und in der Einheit „mm“ angegeben [DIN99]. Entgegen der intuitiven Annahme bedeutet ein großer Wert somit keine „hohe Genauigkeit“, sondern eine „große Abweichung“ und somit eine „geringe Genauigkeit“. Die Kenngrößen „Arbeitsvolumen“ und „Genauigkeit“ sind für übliche Roboterbauarten somit proportional [MILB99]. Bild 3.14 zeigt das Ergebnis einer Recherche, bei der die (Wiederhol-) Genauigkeit und das Arbeitsvolumen verschiedener Roboterhersteller und -modelle gegenübergestellt werden.

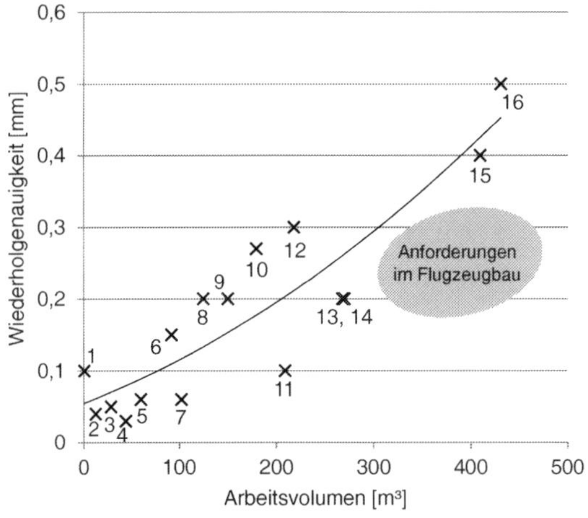

lfd. Nr.	Hersteller, Modell	
1	Fanuc	M-3
2	Stäubli	TX90
3	Kuka	KR 16 L6
4	ABB	IRB 6620
5	Kuka	KR 60 -3
6	Reis	RV 130-60
7	Kuka	KR 270 R2900
8	Reis	RV 180-150S
9	Reis	RV 130-40
10	ABB	IRB 7600
11	Stäubli	TX340
12	Fanuc	M-2000iA/1200
13	YASKAWA	ES200RD
14	Reis	RL 130-300
15	ro-ber	GianT
16	Fanuc	M-2000iA/900L

Bild 3.14: Zusammenhang zwischen Arbeitsvolumen und Wiederholgenauigkeit

[3] Die Pose setzt sich aus der (translatorischen) Position und der (rotatorischen) Orientierung zusammen [DIN99]

Der proportionale Zusammenhang zwischen Arbeitsvolumen und (Wiederhol-) Genauigkeit ist deutlich zu erkennen. Als Datenquelle wird auf die jeweiligen Datenblätter der Hersteller verwiesen.

Die Pose-Genauigkeit eines Roboters kann über genormte Prüfmethoden bestimmt werden [DIN99]. Dazu wird im Arbeitsraum des Roboters ein größtmöglicher Würfel oder Quader definiert, dessen Kanten parallel zum Basiskoordinatensystem des Roboters ausgerichtet sind. Innerhalb dieses Würfels bzw. Quaders wird eine diagonale Ebene aufgespannt, auf der bis zu neun Messpunkte nach festen Vorgaben angeordnet werden. Zwischen diesen Punkten werden üblicherweise lineare oder kreisförmige Prüfbahnen abgefahren (Bild 3.15). Die zur Bestimmung der Genauigkeit eingesetzte Messausrüstung muss „kalibriert sein, die Messunsicherheit muss bewertet und im Prüfbericht angegeben werden“ [DIN99, S. 5]. Ebenso muss für die Bestimmung der dynamischen Leistungskenngrößen (Bahnkenngrößen, Überschwingen u.ä.) die Aufnahmerate der Datenerfassungseinrichtung groß genug sein, um eine angemessene Darstellung abzusichern [DIN99]. Die Prüfergebnisse werden in einem Prüfbericht und üblicherweise von den Roboterherstellern in Produktdatenblättern angegeben.

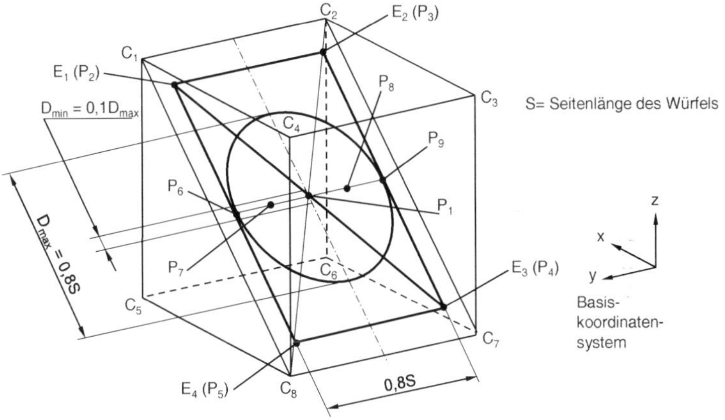

Bild 3.15: Mögliche Prüfbahnen zur Bestimmung der Leistungskenngrößen [DIN99]

Die gezeigten Zusammenhänge zwischen Arbeitsvolumen und Genauigkeit verdeutlichen, dass die Anforderungen an die Positioniergenauigkeit nur durch eine messtechnische Überwachung und Regelung der Handhabungssysteme erfüllt werden können. Die Integration von Messtechnik gewinnt somit in vielerlei Hinsicht an Bedeutung: zum einen muss eine Vermessung der Anlage bei Inbetriebnahme erfolgen und regelmäßig während der Produktion wiederholt werden, um die unvermeidbaren Abweichungen beim Aufbau der Anlage und ggf. auftretende zeitliche Veränderungen (z.B. auf Grund von Temperaturschwankungen) zu erfassen. Zum anderen müssen kontinuierlich prozessintegriert Positionierfehler der Robotersysteme erfasst und korrigiert werden, um die Bauteile „trotz äußerer Einflüsse toleranzarm“

[LEHM00, S. 3] fügen zu können. Zudem muss das Bauteil selbst messtechnisch erfasst werden, da sich dieses auf Grund von Fertigungstoleranzen und Gravitationseinflüssen individuell verformt und das Positioniersystem an die reale Bauteilgeometrie angepasst werden muss. Für die genannten Messaufgaben können sowohl „lokale" (z.B. mit videometrischen Messsystemen) als auch „globale" Messkonzepte (z.B. mit Lasertrackern) verwendet werden [WOLL01, S. 789].

Bislang reduzieren sich die genannten Messungen auf die Erfassung von diskreten Punkten [WOLL04b; STEP07]. Während dies für die Vermessung von markanten Positionen einer Montageanlage oder die Greifpunkte von Robotern sinnvoll scheint, ist dieses Vorgehen für die Vermessung von nachgiebigen Großbauteilen aus Sicht des Autors unbefriedigend. Zwar wird in aktuellen Forschungsarbeiten bereits die „Weiterentwicklung der hochauflösenden Messung großer Bauteile" vorangetrieben [SCHM12a, S. 9], so dass künftig mit einer zunehmenden Menge an realen Bauteil- und Prozessdaten auch von neuen technischen Möglichkeiten in der Steuerung und Optimierung der Montageprozesse auszugehen ist. Das Steifigkeitsverhalten und somit die prozesskritischen Kräfteverhältnisse im Bauteil werden bei den existierenden Ansätzen jedoch nicht berücksichtigt. Erst durch eine umfangreichere Modellierung der Zusammenhänge und die Rückführung der Messdaten in die Regelkreise der Positioniersysteme ist eine zuverlässige Durchführung der Handhabungs- und Fügeprozesse möglich [PFEI10]. Diese Anforderungen müssen bei der Steuerung und Programmierung von Handhabungssystemen berücksichtigt werden.

3.3 Steuerung und Programmierung von Handhabungssystemen

Für den wirtschaftlichen Einsatz von Handhabungssystemen ist eine effiziente Steuerung und Programmierung entscheidend, insbesondere wenn diese für komplexe und häufig wechselnde Aufgaben eingesetzt werden sollen. Die Steuerung ist die Grundlage der „maschinellen Intelligenz" und beeinflusst wesentlich die technischen Fähigkeiten, die Programmierbarkeit und Einsatzflexibilität des Handhabungssystems [HESS10, S. 156]. Sie hat die Aufgabe, einen programmierten Ablauf umzusetzen, Bewegungen einzuleiten, zu überwachen, zu koordinieren und die Kommunikation mit der Umgebung zu ermöglichen. Ebenso wird die Maschinenbedienung und Wartung über die Steuerung durchgeführt [HESS10].

Mit der Entwicklung von rekonfigurierbaren Handhabungssystemen ist in der Regel auch die Entwicklung einer angepassten, speicherprogrammierbaren Steuerung (SPS) verbunden, insbesondere wenn deren kinematische Struktur sich verändern und nicht durch existierende Robotersteuerungen abgebildet werden kann. Viele Funktionalitäten, die für die Programmierung von Industrierobotern bereits Stand der Technik sind (z.B. simulationsbasierte Programmierung, Betriebsarten für den Hand-, Test-, und Automatikbetrieb etc.) stehen damit nicht oder nur mit begrenztem Funktionsumfang zur Verfügung. Im Folgenden werden diese Unterschiede in der Steuerung und Programmierung von Industrierobotern und rekonfigurierbaren Handhabungssystemen dargestellt und daraus anschließend der Forschungsbedarf abgeleitet.

3.3.1 Steuerung und Programmierung von Industrierobotern

Die Steuerung eines Industrieroboters ist aus den Komponenten Rechnerteil, Leistungsteil und Peripherie aufgebaut [WECK06]. Bild 3.16 zeigt eine schematische Darstellung des Steuerungsaufbaus.

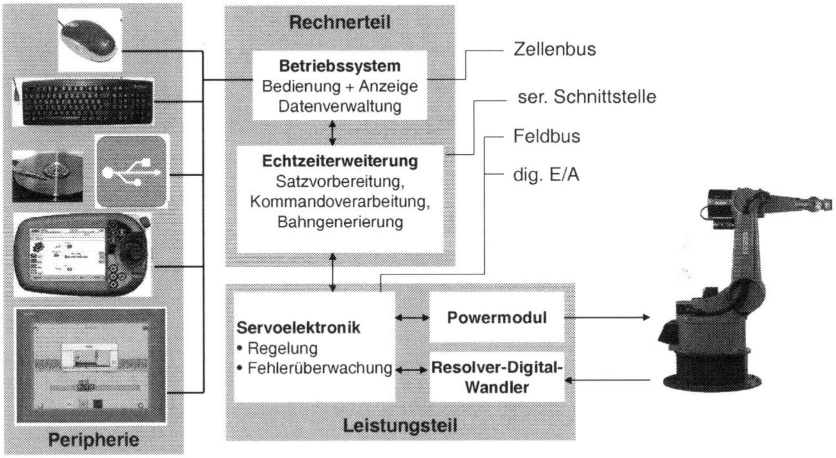

Bild 3.16: Komponenten einer Robotersteuerung (in Anlehnung an [WECK06])

Über periphere Geräte, wie z.B. ein Programmierhandgerät, eine Tastatur oder Speichermedien, können Programme erstellt oder übertragen und im Rechnerteil abgespeichert werden. Dort wird das Programm bei der Ausführung interpretiert sowie die Aufgaben der Satzvorbereitung, Bahninterpolation und Koordinatentransformation gelöst [WECK06]. Moderne, PC-basierte Robotersteuerungen verfügen für diese zeitkritischen Rechenoperationen über eine Echtzeiterweiterung. Unter Echtzeitfähigkeit versteht man „ein definiertes Reaktionsverhalten auf bestimmte Ereignisse, d.h. es muss gewährleistet werden, dass nach dem Eintreten eines Ereignisses innerhalb einer bestimmten Zeit garantiert die gewünschte Reaktion erfolgt" [WECK06, S. 87]. Die dabei berechneten Sollwerte für die einzelnen Antriebe des Roboters werden anschließend an den Leistungsteil übergeben, in dem die Servoregler mit Energie und Daten gespeist werden.

Die Steuerung von kooperierenden Robotern unterscheidet sich von der Steuerung eines Einzelroboters im Wesentlichen darin, dass eine Synchronisation zwischen den Robotern erfolgt. Dadurch lassen sich Funktionen, wie z.B. ein gemeinsamer Arbeitsraum, Bewegungs- und Programmsynchronisation oder gekoppelte Bewegungen, realisieren [KOEP05]. Um die kooperierenden Roboter zu synchronisieren, existieren unterschiedliche Steuerungsarchitekturen. Bei der einfachsten Steuerungsform werden alle Steuerungsbefehle und -berechnungen auf einem einzigen

Rechnerteil ausgeführt (sog. Single-Controller-Solution (SCS)). Diese Variante ist kostengünstig, da insgesamt nur eine Rechnereinheit bereitgestellt werden muss und für jeden Roboter lediglich weitere Leistungsteile ergänzt werden müssen. Der Vorteil dieses Konzeptes liegt darin, dass alle Berechnungen auf einer Steuerung ablaufen, daher eine einfache Synchronisation der Roboter möglich ist und eine hohe Genauigkeit in einer kooperierenden Bewegung erzielt werden kann [STOD04]. Allerdings ist die Rechnerkapazität bei nur einem Rechenteil begrenzt und die Anzahl der Roboter dadurch auf vier (z.B. bei ABB [BRED05]) bis acht (z.B. Motoman [MOTO10]) beschränkt. Diese Begrenzung kann aufgehoben werden, wenn jeder Roboter seine eigene vollwertige Robotersteuerung mit Rechner- und Leistungsteil behält. Bei dieser sog. Multiple-Controller-Solution (MCS) können bis zu 15 Roboter synchron gesteuert werden [STOD04]. Der begrenzende Faktor bei diesem Konzept ist der große Datenverkehr für die Synchronisation der Robotersteuerungen. Sowohl bei dem SCS- als auch bei dem MCS-Konzept wird einer der Roboter als „Master" definiert, der die Koordination des Roboterverbundes übernimmt. Die anderen Roboter haben den Status eines sog. „Slaves" (vgl. Bild 3.17).

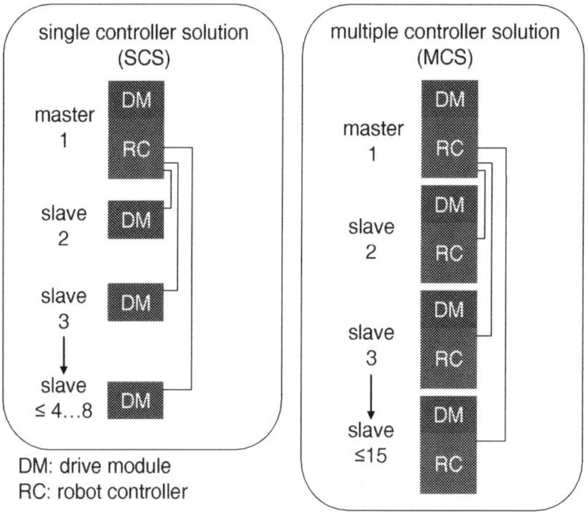

Bild 3.17: Steuerungsarchitekturen für kooperierende Roboter [MÜLL11c]

Für die Programmierung von Robotern existieren Programmierverfahren, die sich „nach dem Ort der Programmeingabe" [WECK06, S. 378] in „Offline"- und „Online"-Verfahren einteilen lassen (Bild 3.18). Bei der Offline-Programmierung werden die Programme unabhängig vom Roboter an einem PC erstellt. Dies kann z.B. textuell in einem Editor oder simulationsbasiert in einer 3D-Programmierumgebung erfolgen, in der die Roboteranwendung virtuell abgebildet wird.

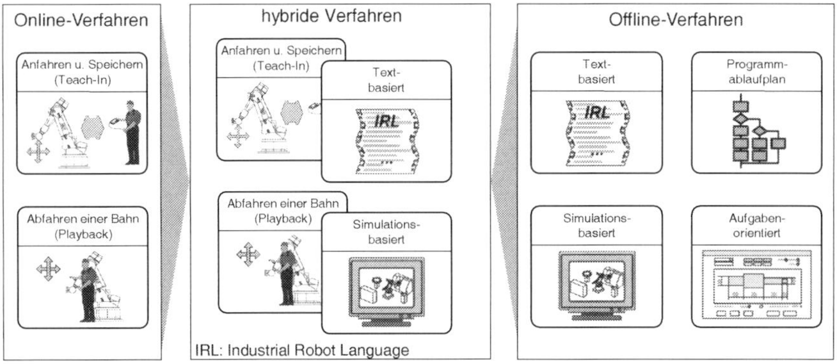

Bild 3.18: Stand der Technik in der Roboterprogrammierung (in Anlehnung an [WECK06])

Der Vorteil dieses Verfahrens liegt darin, dass die Programmierung ohne eine reale Roboterzelle erfolgen kann und eine laufende Produktion für die Programmierung nicht unterbrochen werden muss. Die Genauigkeit der so erzeugten Programme bzw. Positionsvorgaben ist jedoch nicht ausreichend, um die Abläufe direkt real auszuführen, da die in der Realität vorhandenen Abweichungen bei der Offline-Programmierung nicht hinreichend genau abgebildet werden können [CRAI05]. Es ist daher unumgänglich, kritische Positionen oder Bewegungsbahnen am realen Roboter zu korrigieren, damit die programmierten Aufgaben exakt ausgeführt werden können [WEBE09]. Auch adaptive Algorithmen zur Kompensation der Bahnfehler können die Abweichungen nicht vollständig eliminieren [LNGE03]. Dies führt zu der Gruppe der „Online“-Programmierarten, bei denen die Programmierung direkt am Roboter oder an einem kinematischen Ersatzmodell erfolgt. Bei der Programmerstellung nach dem sog. „Teach-In“ wird der Roboter an markante Stützpunkte der Bewegungsbahn gefahren und diese Punkte abgespeichert. Im Gegensatz dazu werden beim sog. „Playback“ nicht nur einzelne Punkte, sondern ganze Bahnen aus einer Vielzahl an Einzelpunkten aufgenommen und gespeichert (sog. „Vielpunktsteuerung“) [HESS10, S. 163]. Da diese Online-Verfahren zeitaufwändig sind und eine Unterbrechung der Produktion bedeuten, wird in der Praxis häufig eine Kombination aus Online- und Offline-Verfahren eingesetzt, bei der zunächst die Programme am Rechner erstellt und anschließend in der realen Umgebung angepasst werden (sog. „hybride“ Programmierung).

Wie bereits erwähnt, erfolgt die Programmierung üblicherweise über Stützpunkte, durch die die Bewegungsbahn angenähert wird. Aufgabe der Bahnplanung ist es, diese Stützpunkte zu einer gewünschten Bahngeometrie, beispielsweise als Gerade oder Kreissegment, zu verknüpfen und dies im Roboterprogramm durch entsprechende Befehle zu dokumentieren. Bei der Ausführung des Roboterprogramms auf der Steuerung werden diese Befehle ausgewertet und bei der Bahngenerierung weitere Bahnpunkte im Interpolationstakt der Steuerung berechnet, so dass zwischen den programmierten Stützpunkten aus den generierten Bahnpunkten die gewünschte Bahngeometrie entsteht.

Für eine effiziente Programmierung von (einzelnen und kooperierenden) Robotern gehört die Erstellung von Robotersimulationen heutzutage zum Stand der Technik. Da jeder Roboterhersteller seine eigene Programmiersprache entwickelt hat, bietet auch jeder Hersteller eine eigene Programmierumgebung an, mit der eine virtuelle Robotersteuerung auf einem PC simuliert, die herstellereigenen Robotermodelle geladen und Roboterprogramme erstellt werden können. Anschließend können diese Roboterprogramme auf die reale Robotersteuerung übertragen und ausgeführt werden.

Um eine gemeinsame Bauteilhandhabung mit mehreren kooperierenden Robotern zu programmieren, sind Verfahren entwickelt worden, bei denen das Bauteil als eigener virtueller Roboter modelliert und dem Bauteil eine Bewegungsbahn vorgegeben wird [HORS06, S.2; FELD07]. Die Bewegungen für jeden einzelnen Roboter ergeben sich dann aus der Transformation von einem Bauteilbezugssystem zum jeweiligen Greifpunkt (GP) eines Roboters (Bild 3.19).

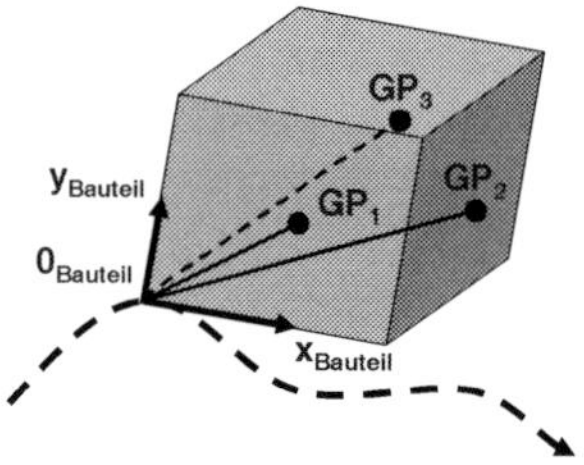

Bild 3.19: Programmierung einer kooperierenden Roboterbewegung (in Anlehnung an [SCHM11])

Somit lassen sich sehr effizient zeitlich und geometrisch gekoppelte Bewegungen der kooperierenden Roboter programmieren. Lediglich die Bewegungen außerhalb des kooperierenden Betriebs, d.h. bei der Anfahr-/Abrückbewegung eines Roboter zu/von seinem Greifpunkt, müssen für jeden Roboter individuell programmiert werden. Besonders für diese Bewegungsphasen muss auch die Kollisionsfreiheit der Roboter sichergestellt werden [HORS06; FELD07]. Die Betriebsmodi, d.h. beispielsweise der kooperierende oder Einzelbetrieb, können an Synchronisationspunkten gewechselt werden. Damit alle Roboter gleichzeitig einen Synchronisationspunkt erreichen, sind unterstützende Verfahren entwickelt worden, bei denen die Geschwindigkeiten der Roboter automatisiert innerhalb vorgegebener Grenzen angepasst werden [FELD07], auf die an dieser Stelle jedoch nicht näher eingegangen werden kann. Die Grenzen der simulationsbasierten Programmierung liegen darin, dass Abweichungen zwischen der Simulation und der Realität nicht vermieden werden können und über das sog. „Nachteachen“, bei dem einzelne Roboterpositionen manuell korrigiert und gespeichert werden, kompensiert werden müssen. Diese Abweichungen sind insbesondere für den Betrieb von kooperierenden Robotern relevant, da sich Positionierfehler „über die Anzahl der beteiligten Systeme akkumulieren können" [HORS06, S. 3].

Um diesen zeitaufwändigen Prozess zu umgehen, werden zwei Ansätze verfolgt. Zum einen werden die in der Realität vorhandenen Abweichungen in immer größerem Umfang in der Simulation abgebildet. Dazu zählen z.B. Fehler in den geometrischen Modellen, die auf Grund von Fertigungstoleranzen, Temperaturschwankungen oder Gelenkelastizitäten auftreten. Auch eine fehlende oder ungenaue Nachbildung des Regelungsverhaltens (z.B. durch das Vernachlässigen von Massen) oder unterschiedliche Algorithmen zur Bahnplanung (z.B. Orientierungsnachstellung) oder Rückwärtstransformation führen zu Abweichungen [WEBE09]. Ebenso ist ein Einmessen der gesamten Anlage nach der Erstinbetriebnahme erforderlich (sog. „Systemidentifikation"), um die beim Aufbau entstehenden Fehler zu erfassen [MÜLL12a; DETE13]. Die Modellierung dieser Einflüsse in der Robotersimulation ist aufwändig, trägt aber dazu bei, die Abweichungen zwischen Simulation und Realität zu reduzieren. Eine vollständige Modellierung der Fehlereinflüsse ist jedoch unrealistisch, da immer eine Restabweichung zwischen den realen Maschinen und den mathematischen Modellen verbleiben wird. Ein anderer Ansatz nutzt daher externe Messtechnik, um Positionierfehler der Roboter im Prozess zu erkennen und ausregeln zu können [DEME11; SCHM12b]. Durch eine Kombination beider Ansätze kann es gelingen, die in einer Simulation geplanten Roboterbewegungen ohne weitere Anpassungen in der Realität auszuführen [FOIT12].

3.3.2 Steuerung und Programmierung von rekonf. Systemen

Ein vergleichbares durchgängiges Konzept, das beispielsweise eine simulationsbasierte Programmierung, virtuelle Inbetriebnahme und direkte Übertragung der so erzeugten Programme auf die reale Steuerung erlaubt, existiert für den Einsatz von rekonfigurierbaren Handhabungssystemen bislang nicht. Ein wesentlicher Grund hierfür sind inkompatible Programmiersprachen zwischen den simulationsbasierten Programmiersystemen und den SPS-basierten Steuerungen.

Eine simulationsbasierte Programmierung von rekonfigurierbaren Handhabungseinheiten ist mit herstellerunabhängigen Robotersimulationssystemen möglich, wie z.B. Robcad der Firma Siemens [ROBC13], MOSES Robotic der Firma AUTOCAD [MOSE13], VEROSIM von der Firma VERSOSIM Solutions [VERO13], CIROS Studio des RIF e.V. [CIRO13] oder EASY-ROB [EASY13] der gleichnamigen Firma EASY-ROB. Dazu kann das Handhabungssystem z.B. auf Basis parametrierbarer Standard-Kinematiken (z.B. Vertikalknickarmroboter, Portal o.ä.) oder durch eine freie Konfiguration von mehreren rotatorischen und translatorischen Gelenken modelliert, kinematisiert und mit einer Roboterprogrammiersprache programmiert werden [CIRO13]. In einer virtuellen Roboterzelle wird das Modell abgebildet und die programmierte Bahn visualisiert. Dadurch können Kollisionen frühzeitig erkannt und die Erreichbarkeit von Positionen überprüft werden. Auch Taktzeituntersuchungen und -optimierungen können vorgenommen werden. Mit diesen herstellerunabhängigen Simulationssystemen kann auch für rekonfigurierbare Handhabungssysteme der gleiche Programmierkomfort erreicht werden wie für Industrieroboter.

Eine direkte Nutzung dieser Programme für die reale Bewegungsausführung ist jedoch nicht möglich, da die Programme nicht von der SPS der Handhabungssysteme interpretiert werden können. Stattdessen muss der Bewegungsablauf in einer nach IEC 61131 genormten Programmiersprache für speicherprogrammierbare Steuerungen übersetzt werden [WECK06]. Um auch eine SPS mit dem Befehlsumfang einer Robotersteuerung und den kinematischen Berechnungen auszustatten, bieten immer mehr Steuerungshersteller diese Funktionalitäten als Robotik-Toolbox o.ä. an (z.B. [BRNE13]), aber allein die Konfiguration einer Kinematik (wie sie beispielsweise in Bild 5.8 vorgestellt wird) als Grundlage für viele weitere Steuerungsfunktionen hat sich im Rahmen dieser Arbeit als sehr aufwändig erwiesen. Eine Alternative dazu besteht darin, die kinematische und dynamische Modellierung und Bahnberechnungen eigenständig in einer separaten Software zu implementieren (z.B. MATLAB [RIED10a]), als Ergebnis die Sollgrößen für jeden Antrieb der SPS zu übergeben und die Handhabungseinheiten somit durch eine synchrone Mehrachs-Steuerung zu bewegen. Zur Ausführung der Bewegungen läuft auf der SPS ein aufgabenunabhängiges Standard-Programm, das die Sollgrößen an die Servoverstärker weiterleitet und bei Bedarf z.B. noch Ausgänge zum Öffnen oder Schließen eines Greifers setzt. Eine Änderung der Handhabungsaufgabe erfolgt alleine in der separaten Software, so dass das SPS-Programm unverändert bleibt.

3.4 Forschungsbedarf

Die Effizienz in der Flugzeugmontage und anderen Bereichen der Großbauteilmontage kann gesteigert werden, indem starre Vorrichtungen durch programmierbare, roboterbasierte Montagesysteme ersetzt werden. Während für die Prozessschritte der Stringerintegration und der Sektionsmontage schon weit entwickelte roboterbasierte Lösungen existieren, müssen für die Schalenmontage noch vergleichbare Systeme entwickelt werden, um auch diesen Prozess flexibel automatisieren und die in der Großbauteilmontage eingesetzten Ressourcen effizienter nutzen zu können (Bild 3.20). Die Herausforderungen in diesem Prozessschritt liegen darin, mit den roboterbasierten Montagesystemen Verformungen der schalenförmigen Bauteile auszugleichen, indem gezielt Kräfte in das Bauteil eingeleitet werden, ohne dieses zu zerstören. Vergleichbare Positionieraufgaben aus der Sektionsmontage zeigen, dass diese Kraftflüsse bislang nicht modelliert sind und der Prozess somit nicht vollautomatisiert gesteuert werden kann. Zwar verfügen die existierenden Montagesysteme über die erforderliche Sensorik (Positionsmesssysteme, Kraft-Momenten-Sensor etc.) und Aktorik, jedoch werden die vorhandenen Daten in den Steuerungsmodellen nicht ausreichend berücksichtigt.

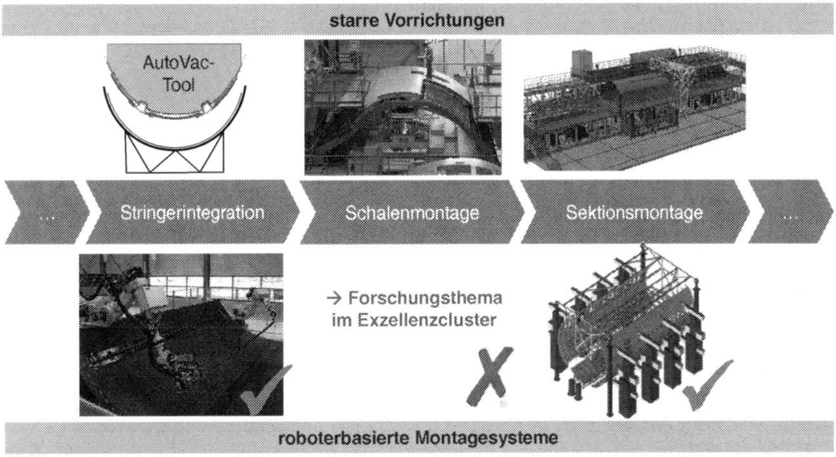

Bild 3.20: Forschungsbedarf in der Flugzeugstrukturmontage

Es muss untersucht werden, ob die in Kapitel 2 vorgestellten Forschungsthemen zur Rekonfiguration und zur Selbstoptimierung von Produktionssystemen dazu genutzt werden können, um die beschriebenen Defizite in der Montage von Flugzeugschalen zu reduzieren. Forschungsbedarf besteht somit in zwei konkreten Themenfeldern:

Selbstoptimierende Prozesssteuerung zur Verformungskompensation

Für eine verbesserte Prozesssteuerung der Schalenmontage im Flugzeugbau werden mathematische Modelle benötigt, die das Bauteilverhalten unter der Einwirkung äußerer Kräfte beschreiben und für eine Verformungskompensation mit roboterbasierten Systemen verwendet werden können. Somit können Regelkreise geschlossen, Prozesse automatisiert und in ihren Abläufen optimiert werden. Da das Verformungsverhalten für jedes Bauteil individuell anders ist, ist eine Vorabplanung von Roboterbewegungen zur Verformungskompensation kaum möglich. Es besteht somit Forschungsbedarf, neue Strategien zur Prozesssteuerung zu entwickeln und die vorhandene Flexibilität von roboterbasierten Montagesystemen voll ausnutzen zu können. Die komplexen Wechselwirkungen zwischen Bauteil und Prozesskräften müssen von dem Montagesystem beherrscht werden, damit dieses auf Prozessstörungen reagieren und durch geeignete Roboterbewegungen „selbstoptimierend" die Verformungskompensation durchführen kann. Im Gegensatz zu bekannten Konzepten der adaptiven Prozesssteuerung, bei der Plandaten auf Basis von Realdaten angepasst werden [IFAM13; VDI90b], soll das selbstoptimierende System die Freiheitsgrade besitzen, um auch den Bewegungsablauf zur Verformungskompensation auf Basis der realen Gegebenheiten optimal anzupassen.

Es muss untersucht werden, ob die derzeit im Forschungsumfeld entwickelten Prinzipien der Selbstoptimierung für die Prozesssteuerung in der Handhabung von Großbauteilen grundsätzlich angewendet werden können. Dazu wird ein Regelkreis aufgestellt, bei dem das Bauteilverhalten modelliert, der aktuelle Bauteilzustand messtechnisch erfasst wird und über Aktorik das Bauteil in die gewünschte Sollgeometrie gebracht werden kann. In Kapitel 4 der vorliegenden Arbeit wird dieser Forschungsbedarf adressiert.

Steuerung von rekonfigurierbaren Handhabungssystemen

Die im Forschungsumfeld entwickelten Konzepte zur Modularisierung und Rekonfigurierbarkeit werden auf ein Handhabungssystem für die Montage von schalenförmigen Großbauteilen angewendet und dieses beispielhaft realisiert. Ein derartiges System besitzt nicht nur durch die Programmierbarkeit der Handhabungseinheiten, sondern zusätzlich noch durch deren Rekonfigurierbarkeit eine Vielzahl an Freiheitsgraden. Dem Vorteil der Anpassungsmöglichkeiten steht damit jedoch der Nachteil der zunehmenden Komplexität in der Anlagenplanung gegenüber. Für eine schnelle Inbetriebnahme derartiger Handhabungssysteme ist eine effiziente Steuerung und Programmierung entscheidend. Allerdings fehlen bei den häufig SPS-basierten Steuerungen durchgängige Konzepte zur simulationsbasierten Programmierung, virtuellen Inbetriebnahme und direkten Übertragung bzw. Nutzung der Bewegungsprogramme. Diese Funktionalitäten werden von industriellen Anwendern solcher Handhabungssysteme zunehmend gefordert.

Für rekonfigurierbare Handhabungssysteme besteht somit Forschungsbedarf, um die Anlagensteuerung einfacher zu gestalten und eine schnellere Programmierung und Inbetriebnahme zu ermöglichen. Dazu ist eine Steuerungsarchitektur mit zugehörigem Datenmanagement zu entwickeln, die eine zentrale Beschreibung der Handhabungsaufgabe, die Verwendung der zuvor beschriebenen selbstoptimierenden Prozesssteuerung sowie eine Rekonfiguration des Handhabungssystems ermöglicht. Es ist zu untersuchen, ob vergleichbare Steuerungsansätze, die in Leitsystemen für modulare Montagesysteme bereits erfolgreich eingesetzt wurden [MUCK05], auf die Steuerung eines rekonfigurierbaren Handhabungssystems übertragen werden können. Dazu muss das bekannte Master-Slave-Prinzip von Robotersteuerungen aufgehoben werden, damit zwischen den Modulen keine Beziehungsgeflechte entstehen und eine einfache Rekonfiguration möglich ist.

Während die Modellierung von rekonfigurierbaren Handhabungssystemen in einer Robotersimulation einfach möglich ist, ist die Programmierung und Steuerung mit einem hohen Aufwand verbunden. Um den Entwicklungsaufwand für die Anlagensteuerung zu vereinfachen, bietet es sich an, Funktionen aus bereits vorhandenen Software-Applikationen zu nutzen (vgl. [VERL08]). Für die Steuerung eines Handhabungssystems können beispielsweise Aufgaben der Bahnplanung, Bahngenerierung und Transformationsberechnungen in eine Robotersimulation ausgelagert und die resultierenden Bewegungsdaten zum Betrieb der realen Anlage direkt auf die Steuerung übertragen werden. Dadurch lässt sich die reale Umsetzung einer zuvor simulierten Bewegungsbahn und somit die Inbetriebnahmezeit deutlich verkürzen. Zudem kann eine in der Robotersimulation vorhandene Kollisionsüberwachung dazu verwendet werden, um unvorhergesehene Roboterbewegungen, die beispielsweise von einer selbstoptimierenden Prozesssteuerung generiert werden, zu prüfen und eine Beschädigung des Handhabungssystems oder des Bauteils zu verhindern.

Es ist zu untersuchen, ob die Integration von Standard-PCs in Steuerungsarchitekturen, die für Roboteranwendungen zunehmend an Bedeutung gewinnt [DADJ10], auch für die Anlagensteuerung eines rekonfigurierbaren Handhabungssystems ein geeigneter Ansatz ist. Es besteht genereller Forschungsbedarf, die Machbarkeit eines derartigen Steuerungskonzeptes zu untersuchen. In Kapitel 5 wird die Konzeptionierung, Implementierung und Validierung dieses Steuerungskonzeptes beschrieben.

4 Selbstoptimierende Verformungskompensation von Großbauteilen

In Kapitel 3.4 wurden der Forschungsbedarf für die Entwicklung eines roboterbasierten Montagesystems zur Herstellung von Flugzeugschalen und die Potenziale einer selbstoptimierenden Prozessteuerung identifiziert. Im Folgenden wird die in der Einleitung formulierte Forschungsfrage untersucht, um die Anwendbarkeit von Selbstoptimierung in der Verformungskompensation von Großbauteilen prinzipiell zu klären. Selbstoptimierung wird angewendet, da (insbesondere bei CFK-Bauteilen aufgrund des generativen Fertigungsverfahrens) bei jedem Bauteil von einer anderen Verformung zu Beginn des Prozesses und von einem individuellen Steifigkeitsverhalten auszugehen ist. Dem Steuerungssystem müssen somit Freiheitsgrade gegeben werden, um auf diese individuellen Gegebenheiten reagieren und für ein Handhabungssystem aus kooperierenden Handhabungseinheiten einen optimalen Prozessablauf ermitteln zu können.

Der Fokus dieses Kapitels liegt auf der Entwicklung eines Beschreibungsmodells für die Verformungskompensation von Großbauteilen. Der Bedarf für dieses Modell wird aus Bild 4.1 deutlich, in der ein vereinfachter Regelkreis zur Verformungskompensation dargestellt ist. Um eine automatisierte Prozesssteuerung zu ermöglichen, müssen die Wechselwirkungen zwischen Bauteil, Verformungsprozess und Handhabungssystem bekannt sein und durchgängig beschrieben werden können.

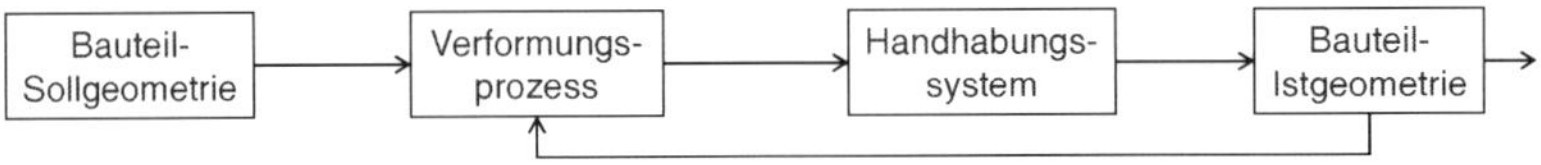

Bild 4.1: Modellierungsbedarf zum Schließen des Regelkreises

Während die mathematische Beschreibung des Handhabungssystems z.B. über bekannte Methoden der kinematischen und dynamischen Modellierung erfolgen kann [CRAI05; WEBE09; WECK06], müssen auch der Verformungszustand des Bauteils sowie dessen Verhalten unter der Einwirkung äußerer Kräfte während des Verformungsprozesses modelliert werden können, um den Regelkreis zu schließen. Die Modellierung dieses Bauteilverhaltens und eine Vorgehensweise zur Verformungskompensation werden im Folgenden erarbeitet.

Die in der Einleitung formulierte Forschungsfrage kann positiv beantwortet werden, wenn es gelingt das Verformungsverhalten zu modellieren und einen Algorithmus zur Kompensation der Bauteilverformungen aufzustellen. Für diesen Verformungsprozess müssen bauteilindividuelle Handhabungsbewegungen unter Berücksichtigung einzuhaltender Kraftgrenzen generiert werden. Die konkrete Umsetzung von Selbstoptimierung zur Verformungskompensation für Großbauteile ist in Bild 4.2 dargestellt (in Anlehnung an Bild 2.6). Auch wenn das übergeordnete Ziel das Erreichen der Sollgeometrie des Großbauteils ist, kann dieses nicht als Ziel für den selbstoptimierenden Prozess zur Verformungskompensation definiert werden. Da die Sollgeometrie (z.B. vom Bauteilkonstrukteur) fest vorgegeben wird, darf diese nicht vom

System angepasst werden. Die Zielanpassung ist jedoch ein wesentlicher Schritt bei der Anwendung von Selbstoptimierung. Stattdessen wird als zu optimierendes Ziel die Kompensationsbewegung gewählt. Dieses Ziel kann angepasst werden, indem für jedes Bauteil individuell festgelegt wird, in welcher Reihenfolge sich welche Handhabungseinheit aus dem kooperierenden Verbund wie weit in welche Richtung bewegen darf. Diese Freiheitsgrade (Reihenfolge der Bewegung der Handhabungseinheiten, Bewegungsstrecke/ Kräfte, Bewegungsrichtung) werden dadurch eingeschränkt, dass sich bei der kooperierenden Bewegung innerhalb des Bauteils Kräfte und Verspannungen aufbauen, die zu einer Beschädigung führen können. Um diese Freiheitsgrade für eine erfolgreiche Prozessführung zu nutzen, muss ein Algorithmus unter Berücksichtigung der aktuellen Bauteilverformung und der Kräfte selbstoptimierend eine geeignete Lösung für eine Kompensationsbewegung ermitteln. Diese Eingangsgrößen werden aus dem Istzustand des Bauteils mittels Messtechnik gewonnen. Eine mögliche Vorgehensweise zur Identifikation dieser Bauteilparameter wird in Kapitel 4.2.3 skizziert.

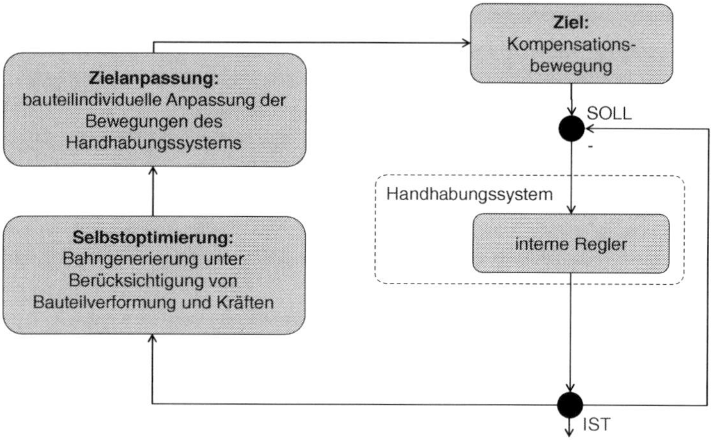

Bild 4.2: Regelkreis zur selbstoptimierenden Verformungskompensation

Die ermittelten Bewegungen werden von einem Handhabungssystem ausgeführt, das für den Kompensationsprozess nicht weiter spezifiziert werden muss, sondern lediglich gemäß der Prozessvorgaben den (Kompensations-)Prozess durchführen und mit seinen internen Reglern überwachen soll. Die Ausführung des Prozesses ist somit unabhängig von dem verwendeten Handhabungssystem, so dass dieses für die weitere Prozessentwicklung nicht näher betrachtet werden muss und als „Black-Box" behandelt werden kann.

4.1 Prozessentwicklung

Das beschriebene Konzept der Verformungskompensation wird für den konkreten Anwendungsfall in der Montage von Flugzeugschalen entwickelt. Durch die Freiheitsgrade, die durch die Verwendung eines roboterbasierten Systems zur Verfügung stehen, ergeben sich auch grundlegende Anpassungsmöglichkeiten in der Prozessführung. In diesem Kapitel werden daher die Bauteilpositionierung und Prozessabfolge diskutiert und das durch den Einsatz von mehreren Handhabungseinheiten mögliche Prinzip der lokalen Verformungskompensation vorgestellt.

4.1.1 Bauteilpositionierung und Prozessabfolge

In Kapitel 3.1 wurde beschrieben, dass die Positionierung der Flugzeugschalen bei der vorrichtungsgebundenen Montage üblicherweise in der Buckellage erfolgt. Als Nachteil dieser Positionierung wird eine ergonomisch ungünstige Position für manuelle Arbeiten genannt, die auch bei künftigen Montageprozessen mit einem roboterbasierten System vorgesehen werden müssen. Auch wenn das Entwicklungsziel ein vollautomatisierter Montageprozess ist, werden diese ergonomischen Gesichtspunkte zum Anlass genommen, bei einer roboterbasierten Montage die Schale in der C-Lage zu positionieren, auch wenn für einen automatisierten Prozess die Buckel- oder Wannenlage besser geeignet wären. Für die Zukunft wäre es auch denkbar, eine Umpositionierung der Schale vorzusehen in Abhängigkeit davon, ob manuelle oder automatisierte Montageprozesse ausgeführt werden sollen. Da zunächst der Prozess grundlegend entwickelt werden muss, werden diese Detailfragen nicht näher betrachtet, sondern im Weiteren von einer permanenten Schalenpositionierung in C-Lage ausgegangen.

Neben der Positionierung der Schale ist auch eine Anpassung der Montagereihenfolge möglich. Bei der vorrichtungsgebundenen Montage werden zunächst die Spante in der Vorrichtung ausgerichtet, das Hautfeld in einer Vakuumvorrichtung in die Sollgeometrie gebracht und anschließend mit einem definierten Abstand zu den Spanten positioniert. Zur Überbrückung dieses Abstands werden schließlich Clips zwischen Hautfeld und Spante montiert (vgl. Kapitel 3.2.2 und Bild 4.3, links). Bei der Verwendung eines roboterbasierten Systems ist jedoch eine Montageabfolge vorteilhafter, bei der das Hautfeld als „Basisteil“ [LOTT12, S. 26] dient und als definierte Bezugsfläche für die Montage von Clips und Spante genutzt wird (Bild 4.3, rechts). Der bestehende Prozess wird für die weitere Prozessentwicklung daher modifiziert, so dass das Hautfeld in C-Lage von Handhabungseinheiten aufgenommen wird und im nächsten Schritt Clips an das Hautfeld gefügt werden. Danach wird ein Spant an eine Clip-Reihe angebaut und der Montageprozess schließlich mit dem nächsten Spant an der nächsten Clip-Reihe fortgesetzt.

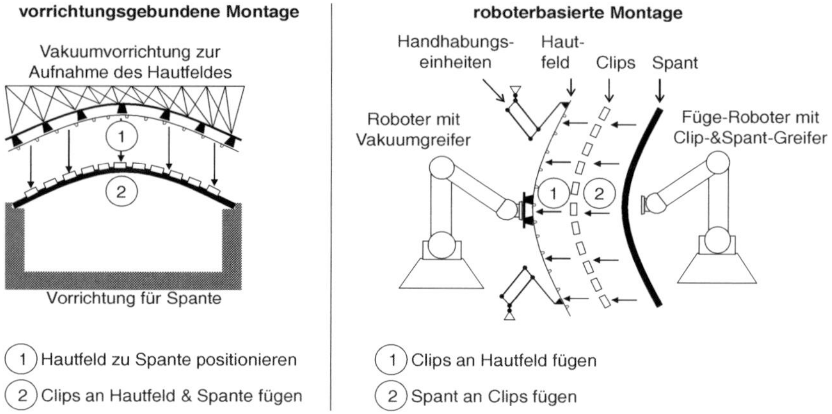

Bild 4.3: Modifizierte Prozessabfolge für ein roboterbasiertes Montagesystem

Während es für die Montage der Spante erforderlich ist, dass das Hautfeld die korrekte Krümmung aufweist, und daher vor der Spantmontage eine Verformungskompensation durchgeführt werden muss, ist für die Montage der Clips noch zu diskutieren, ob diese am verformten oder am bereits verformungs-kompensierten Hautfeld gefügt werden sollen. Da die Clips auf Grund ihrer geringen Größe und Masse das Steifigkeitsverhalten des Hautfeldes kaum beeinflussen, werden diese bei der Modellierung der Vorformungskompensation vernachlässigt. Die Clips könnten daher sowohl am verformten als auch am verformungs-kompensierten Hautfeld montiert werden.

Um jedoch nach der Verformungskompensation ein zügiges Fügen der Spante zu ermöglichen, wird im Folgenden von einer vorherigen Montage der Clips am verformten Hautfeld ausgegangen. In Folgearbeiten muss untersucht werden, ob die durch die Verformungskompensation eingebrachten Geometrieänderungen des Hautfeldes und daraus resultierende Positionsänderungen der Clips vorgehalten werden können. Es ist zu überprüfen, ob die Modellierung des Verformungsverhaltens hierzu hinreichend genau ist oder ob eine korrekte Clips-Positionierung über eine messtechnische Unterstützung und z.B. Referenzierung am Hautfeld möglich ist.

4.1.2 Selbstoptimierende lokale Verformungskompensation

Die zuvor beschriebene Prozessabfolge bietet den Vorteil, dass für die Montage der Spante nicht das ganze Großbauteil während des gesamten Montageprozesses sondern lediglich für einen begrenzten Zeitraum in einem örtlichen begrenzten Bereich innerhalb vorgegebener Montagetoleranzen gehalten werden muss. Die daraus resultierende Prozessabfolge ist in Bild 4.4 dargestellt.

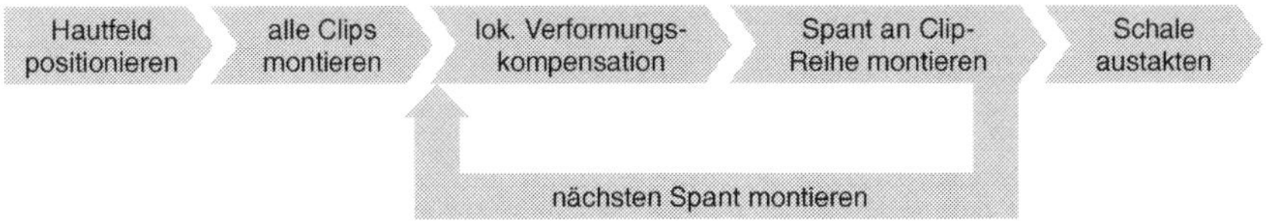

Bild 4.4: Prozessabfolge in der roboterbasierten Schalenmontage

Bild 4.5 verdeutlicht die Anordnung dieser lokalen Hautfeldbereiche, die jeweils einem Spant zugeordnet sind und sich über die gesamte Spantlänge/ Hautfeldhöhe ausdehnen.

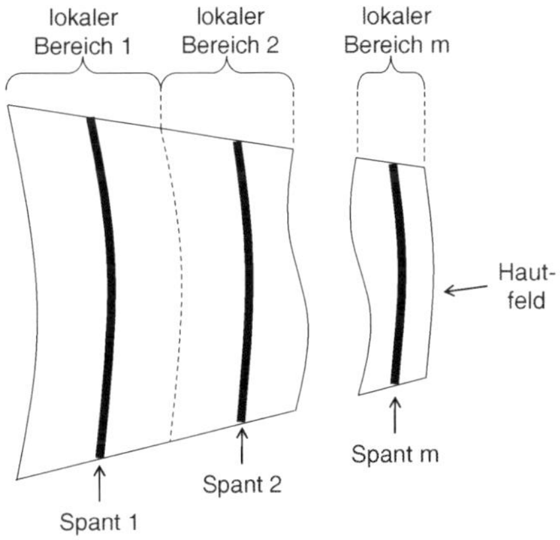

Bild 4.5: Definition von lokalen Hautfeldbereichen

Die Aufgabe der zu entwickelnden Prozesssteuerung ist es, innerhalb dieser lokalen Hautfeldbereiche Verformungen zu kompensieren, so dass während des Prozesses

- Kräfte gezielt in das Bauteil eingeleitet werden, um die Verformung zu kompensieren, dabei aber
- keine Kraftgrenzen überschritten werden und
- die gewünschte Sollgeometrie mit einem Minimum an Kraftaufwand und somit mit einem geringen Risiko für eine Bauteilbeschädigung erreicht wird.

Selbstoptimierung wird eingesetzt, da davon ausgegangen wird, dass jedes Bauteil anders verformt ist und eine Prozesssteuerung individuell auf dieses Bauteil reagieren muss, so dass konventionelle Automatisierung hierbei an ihre Grenzen stößt. Das selbstoptimierende System muss definitionsgemäß [ADEL09]

- die Ist-Situation kontinuierlich analysieren,
- neue Systemziele bestimmen und
- das Systemverhalten automatisch anpassen.

Für die Verformungskompensation bedeutet das konkret, dass zur „Analyse der Ist-Situation" von einem Messsystem die aktuelle Bauteilgeometrie erfasst und eine Abweichung von der Sollgeometrie ermittelt werden. Bei der „Bestimmung der Systemziele" wird automatisiert und selbstoptimierend berechnet, in welcher Reihenfolge Verformungen kompensiert werden, so dass zuerst Bauteilbereiche mit minimaler Abweichung korrigiert werden, da hier nur minimale Verformungen vorliegen und nur minimale Kräfte zur Korrektur erforderlich sind. Innerhalb dieser vorgegebenen Grenzen kann dann das Systemverhalten, d.h. die Bewegungen der Handhabungseinheiten für eine Verformungskompensation, angepasst werden. Nachdem in einem Bauteilbereich die Sollgeometrie erreicht wurde, kann ein Spant montiert und somit die erzielte Bauteilgeometrie gesichert werden, bevor der Vorgang in dem nächsten Bauteilbereich, der dann die geringste Abweichung aufweist, fortgeführt wird. Durch diese iterative Vorgehensweise nähern sich auch die Bauteilbereiche mit großen Abweichungen immer mehr der Sollgeometrie an, ohne dass diese aktiv korrigiert werden.

Damit dieser selbstoptimierende Prozess von einem Steuerungssystem geplant und ausgeführt werden kann, sind Modelle erforderlich, die den Zustand des Bauteils und dessen Verformungsverhalten mathematisch beschreiben. Diese mathematisch-physikalischen Zusammenhänge werden in dem folgenden Kapitel entwickelt.

4.2 Modellierung des Bauteilverhaltens

Das Verformungsverhalten eines Großbauteils lässt sich als „lokal steif" und „global nachgiebig" beschreiben [WOLL04b], was die Grundlage dafür darstellt, dass das Bauteil von mehreren Handhabungseinheiten an unterschiedlichen Greifpunkten aufgenommen und in seiner Form verändert werden kann. Dieses Verhalten lässt sich in einem mechanischen Ersatzsystem abbilden und in ein mathematisches Beschreibungsmodell überführen.

4.2.1 Mechanisches Ersatzsystem des Schalenbauteils

Bisherige Modellierungsansätze für Großbauteile konzentrieren sich darauf, das Bauteil über eine Vielzahl von Messpunkten zu erfassen und über die geometrischen Zusammenhänge zu beschreiben [WOLL04a; WOLL04b; STEP07]. Eine komplexe Bauteilstruktur, wie sie im hier betrachteten Fall aus einem anisotropen CFK-Werkstoff vorliegt, die einerseits aus versteifenden Anbauteilen (wie z.B. Stringer) und andererseits aus schwächenden Öffnungen (z.B. Fenster und Türen) besteht, kann damit aber nicht hinreichend genau modelliert werden. Bisherige geometrische Betrachtungen müssen somit um eine strukturbauliche Sichtweise erweitert werden, indem die Kraftflüsse innerhalb des Bauteils und sein Verformungsverhalten ebenfalls modelliert werden (Bild 4.6).

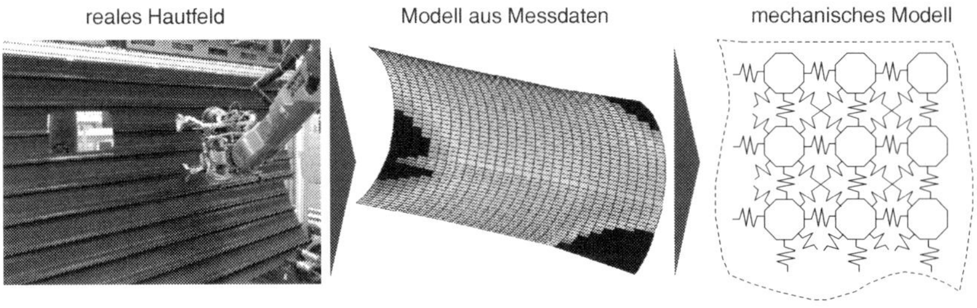

Bild 4.6: Modellierung eines CFK-Hautfeldes

Für die struktur-mechanische Modellierung (statisch, elastisch, dynamisch) von Körpern existieren seit vielen Jahren computergestützte Methoden, wie z.B. die Finite-Elemente-Methode (FEM) oder die Mehr-Körper-Simulation (MKS) [STEI10]. Eine exakte Berechnung eines realen, komplexen Großbauteils ist allerdings auch mit den bestehenden Modellierungswerkzeugen sehr komplex. Eine prozessparallele Berechnung für eine Kompensation von Verformungen ist nicht möglich, da sich während des Montageprozesses die Bauteilsteifigkeit durch das Montieren von weiteren Anbauteilen (insbesondere durch die Spante) verändert, und somit unterschiedliche Bauteilzustände berücksichtigt, d.h. modelliert und entsprechend des Montagefortschritts abgerufen werden müssten.

Für eine effiziente Prozesssteuerung muss somit ein Kompromiss aus einer einfachen, recheneffizienten aber gleichzeitig hinreichend genauen Modellierung des Verformungsverhaltens gefunden werden. Da sich die zeitlich veränderliche Steifigkeit der Schale nur mit großem Aufwand theoretisch berechnen lässt (vgl. [BASA00]), wird stattdessen ein vereinfachtes, mechanisches Ersatzsystem aufgestellt. Die erforderliche Genauigkeit der Berechnungsergebnisse wird erreicht, indem das Berechnungsmodell prozessparallel über integrierte Messtechnik mit realen Daten parametriert wird.

Die Modellierung von lokaler Steifigkeit und globaler Nachgiebigkeit führt zu einem mechanischen System, bei dem die Steifigkeit über dünnwandige Körper und die Nachgiebigkeit über Federn abgebildet werden, die diese Körper verbinden. Diese Körper unterteilen das Großbauteil in mehrere horizontale „Zeilen" und vertikale „Spalten" (Bild 4.7). In der Elastizitätstheorie werden diese dünnwandigen Körper unterschieden in „Scheiben", die Kräfte in der Bauteilfläche aufnehmen, „Membrane", die Kräfte senkrecht zur Baufläche aufnehmen, und „Schalen", die Kräfte sowohl innerhalb als auch senkrecht zur Bauteiloberfläche aufnehmen können [BASA00]. Da bei dem betrachteten Prozess Kräfte zur Verformungskompensation senkrecht zur Bauteiloberfläche aufgebracht werden, diese sich aber innerhalb des Bauteils verteilen, wird das betrachtete Bauteil „Flugzeugschale" der mechanischen Kategorie „Schale" zugeordnet. Um die beiden Begrifflichkeiten sauber zu trennen, wird die mechanische Kategorie „Schale" im Weiteren als „Schalenelement" bezeichnet, was zudem darauf hindeutet, dass es sich hierbei um ein als ideal-steif angenommenes Element der gesamten Flugzeugschale handelt.

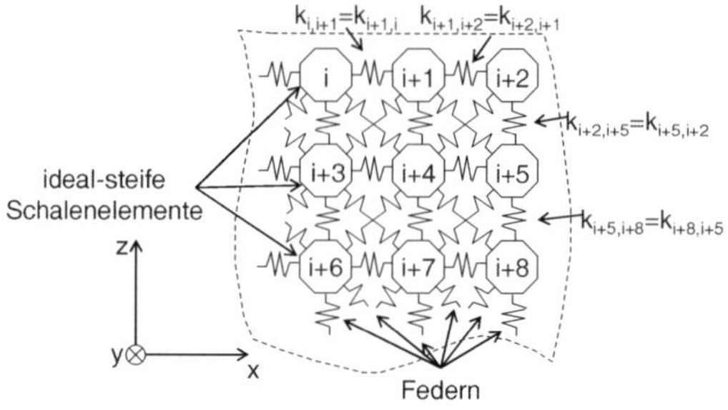

Bild 4.7: Mechanisches Ersatzsystem eines nachgiebigen Großbauteils

Für die in Bild 4.7 vereinfacht dargestellten Federn wird angenommen, dass diese Kräfte und Momente in alle Raumrichtungen übertragen können. Da in der Montage von Großbauteilen von sehr geringen Bewegungsgeschwindigkeiten bzw. quasistatischen Zuständen ausgegangen wird, werden geschwindigkeitsproportionale Dämpfungselemente nicht im Modell berücksichtigt. In diesem Modell wird ein kartesisches Koordinatensystem definiert, dessen drei Achsen an einem üblichen Flugzeugkoordinatensystem ausgerichtet sind, bei dem die x-Achse der Flugzeuglängsrichtung entspricht, die y-Achse in Flugzeugquerrichtung zeigt und die z-Achse die Flugzeughochachse angibt [ENG08].

4.2.2 Beschreibungsmodell für nachgiebige Großbauteile

Wird das Großbauteil gemäß Bild 4.7 in n Schalenelemente aufgeteilt, lässt sich die Bauteilgeometrie über die Positionen der einzelnen Elemente annähern. Dazu werden Mess-/ Bezugspunkte jeweils in der Mitte eines Schalenelementes definiert. Bild 4.8 zeigt beispielhaft die Annäherung der Bauteilgeometrie über Bezugspunkte in einem angedeuteten Querschnitt des Flugzeugrumpfes.

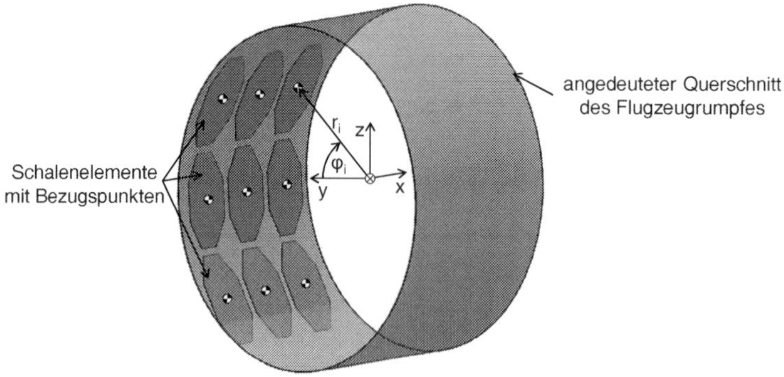

Bild 4.8: Annäherung der Bauteilgeometrie über Bezugspunkte

Während für die Beschreibung der Sollgeometrie die Positionen dieser Bezugspunkte z.B. aus einem CAD-System ausgelesen werden können, müssen die Bezugspunkte für die Bestimmung der Istgeometrie messtechnisch erfasst werden. Eine mögliche Vorgehensweise zur Identifikation der Bauteilgeometrie wird in Kapitel 4.2.3 kurz vorgestellt. Zu Beginn des Prozesses weist das Bauteil eine Istverformung auf, die in einem Vektor $\vec{u}_{ist}$ beschrieben wird:

$$\vec{u}_{ist} = \begin{pmatrix} u_{ist,1} \\ \vdots \\ u_{ist,n} \end{pmatrix} \tag{1}$$

Jeder Eintrag $u_{ist,i}$ beschreibt die Istverformung eines Schalenelementes. Dieser Vektor $\vec{u}_{ist}$ stellt bei der selbstoptimierenden Verformungskompensation somit die mathematische Größe dar, die durch den Algorithmus optimiert werden soll. Im vorliegenden Fall ist das Ziel der Optimierung, die Istverformung $\vec{u}_{ist}$ der Sollverformung $\vec{u}_{soll}$ anzunähern. Der Vektor $\vec{u}_{soll}$ ist definitionsgemäß ein Nullvektor.

Auf Grund der Konstruktion ist das schalenförmige Bauteil in axialer und tangentialer Richtung deutlich steifer als in radialer Richtung, so dass die Beschreibung der Bauteilverformung und deren spätere Kompensation im Folgenden auf diese relevanten, radialen Verformungskomponenten reduziert werden. Zur Kompensation dieser radialen Verformungen muss das Bauteil mit einer radialen Kraft F beaufschlagt werden. Allgemein besteht im einfachsten Fall zwischen einer Verformung $\vec{u}$ und der Kraft $\vec{F}$ ein linearer Zusammenhang, die Steifigkeit, die in einer Steifigkeitsmatrix k beschrieben wird:

$$\vec{F} = k \cdot \vec{u} \tag{2}$$

Für eine lokale Verformungskompensation müssen die lokalen Steifigkeiten zwischen benachbarten Schalenelementen modelliert werden.

Diese lassen sich in der Steifigkeitsmatrix

$$k = \begin{pmatrix} k_{1,1} & k_{2,1} & \cdots & k_{n,1} \\ k_{1,2} & \ddots & & \vdots \\ \vdots & & \ddots & \vdots \\ k_{1,n} & \cdots & \cdots & k_{n,n} \end{pmatrix} \tag{3}$$

darstellen, wobei ein Steifigkeitswert $k_{i,j}$ die lokale Steifigkeit zwischen zwei Schalenelementen „i“ und „j“ darstellt und beschreibt, welche Kraft bei einer Relativverschiebung zwischen diesen Schalenelementen aufgebaut bzw. übertragen wird. Wird beispielsweise ein Element „1“ mit einer Kraft F_1 beaufschlagt, können über die Matrixeinträge $k_{1,j}$ (für $1 < j \leq n$) die daraus resultierenden Verformungen der verbleibenden Elemente bestimmt werden. Da die Kraftübertragung zwischen zwei Elementen in beide Richtungen gleichermaßen erfolgt, gilt

$$k_{i,j} = k_{j,i}, \quad (4)$$

woraus sich eine symmetrische Matrix ergibt, deren Einträge an der Hauptdiagonalen gespiegelt sind. Die Einträge auf der Diagonalen (d.h. wenn i=j) geben an, welche Verformung sich an einem Element ergibt, wenn dieses direkt mit einer äußeren Kraft F beaufschlagt wird. Aus der Verformung dieses Elementes resultieren Relativverschiebungen zu den Nachbarelementen, die zu Gegenkräften führen, die das ausgelenkte Schalenelement wieder zurück in die Schalenebene ziehen. Diese Gegenkräfte werden in der Steifigkeitsmatrix abgebildet, indem alle Einträge außerhalb der Diagonalen mit einem negativen Vorzeichen versehen werden.

Von dieser Beschreibungsform für Großbauteile, d.h. einem Verformungsvektor $\vec{u}$ und einer Steifigkeitsmatrix k, wird bei der folgenden Verformungskompensation ausgegangen. Damit die aufgestellten Gleichungen für eine Prozesssteuerung verwendet werden können, müssen diese mit realen Bauteildaten, die in einer Parameteridentifikation ermittelt werden, berechnet werden.

4.2.3 Parameteridentifikation für nachgiebige Großbauteile

Die im vorangegangenen Kapitel erarbeitete Beschreibungsform für Großbauteile muss mit bauteilspezifischen, realen Daten hinterlegt werden, um sie für eine Prozesssteuerung nutzen zu können. Dazu muss ein Messkonzept entwickelt werden, mit dem sowohl die aktuelle Bauteilgeometrie, d.h. die Einträge im Vektor $\vec{u}$, als auch die Steifigkeitswerte in der Matrix k erfasst werden können. Während die Bauteilgeometrie direkt z.B. über Positionsmessgeräte erfasst werden kann [PFEI10], kann die Steifigkeit nur indirekt über das Verhältnis von einer beaufschlagten Kraft und einer gemessenen Verformung, d.h. einer Differenzgeometrie, bestimmt werden. Auf diese Weise werden die Verformung und die lokalen Steifigkeitswerte des Großbauteils experimentell ermittelt und als Parameter an das Modell übergeben.

Für das in Bild 4.3 (rechts) dargestellte Montagesystem könnte die Bauteilidentifikation beispielsweise derart ablaufen, dass ein Großbauteil von den Handhabungseinheiten aufgenommen wird und einen verformten Zustand aufweist. Bei der Identifikationsroutine wird mit dem Industrieroboter in einem bestimmten Bauteilbereich eine definierte Kraft aufgebracht und die resultierende Verformung an dem gesamten Großbauteil gemessen. Dieser Vorgang wird über die gesamte Bauteilfläche wiederholt, so dass die Auswirkung einer lokalen Kraft festgestellt werden kann. Dieser Vorgang der Bauteilidentifikation muss beim Eintakten jedes neuen Bauteils in den Montageprozess erfolgen und sollte auf Grund der Messumfänge automatisiert werden. Die genaue Vorgehensweise zur Parameteridentifikation von Großbauteilen stellt ein eigenes Forschungsthema dar und wird an dieser Stelle daher nicht näher beleuchtet. Für weitere Details insbesondere bzgl. geeigneter Messtechnik und Konzepte zur Datenverarbeitung wird auf laufende Arbeiten von SCHMITT und BERTELSMEIER verwiesen [SCHM13c; SCHM14b]. Noch offen ist beispielsweise die Frage, ob sich die Bauteilgeometrie über diskrete Punkte hinreichend genau erfassen lässt oder ob eine hochauflösende, flächige Vermessung erforderlich ist, beispielsweise mittels Laserlichtschnittsensor [SCHM13d]. Ebenso ist unklar, inwieweit sich theoretisch gleiche Bauteile tatsächlich gleichen, d.h. wie reproduzierbar in vorgelagerten Produktionsprozessen die Material- und damit Bauteileigenschaften hergestellt werden können. Davon hängt ab, ob eine Bauteilidentifikation für jedes Bauteil individuell oder nur einmalig für einen Bauteiltyp durchgeführt werden muss, was einen erheblichen Einfluss auf die gesamte Prozessdauer haben wird.

Die folgenden Ausführungen konzentrieren sich daher auf die Modellbildung zur Verformungskompensation und die Erfassung der mathematischen und physikalischen Zusammenhänge, um die prinzipielle Machbarkeit einer derartigen Modellierung zu untersuchen. Eine Verwendung von realen Bauteildaten ist in diesem frühen Entwicklungsstadium noch nicht erforderlich, sondern kann als Folgetätigkeit zu dieser Arbeit betrachtet werden. Stattdessen werden für die Validierung der Verformungskompensation fiktive Daten verwendet, die die realen Gegebenheiten zumindest qualitativ wiedergeben.

4.3 Modellierung der Verformungskompensation

Das im vorherigen Kapitel aufgestellte Bauteilmodell wird verwendet, um den Prozess der Verformungskompensation selbstoptimierend zu steuern. Es wird angenommen, dass die Anfangsverformungen des Bauteils aus der Schwerkraft und ggf. bauteilinternen Verspannungen während der vorherigen Fertigungsprozesse resultieren, ohne dass diese Krafteinflüsse weiter aufgeschlüsselt werden. Zu Beginn des Prozesses wird vorausgesetzt, dass das Bauteil von Handhabungseinheiten gehalten wird und diese noch keine Verformungskräfte aufbringen. Das Bauteil befindet sich somit in einem verformten, aber als „kraftneutral" bezeichneten Zustand. Aus der Kenntnis, welche äußeren Kräfte welche Verformungen verursachen, kann das Bauteil während des Prozesses gezielt in seine Sollgeometrie bewegt werden. Das Ziel der Verformungskompensation ist es, dass das Bauteil am Ende des Prozesses einen unverformten, aber dafür nicht mehr kraftneutralen Zustand aufweist. Die zu verwendenden mechanischen Grundgleichungen stammen aus der Festigkeitslehre bzw. Elastizitätstheorie, mit denen prinzipiell Systeme „mit unendlich vielen Freiheitsgraden" [PARK60, S. 118; ASSM95] berechnet werden können, was einen Eindruck von der Komplexität der Aufgabe gibt. Die Motivation dieses Forschungsprozesses ist es jedoch nicht, diese Komplexität vollständig zu erfassen und zu modellieren, sondern eine pragmatische, praxistaugliche Lösung zur Verformungskompensation von Großbauteilen zu entwickeln. Als Ergebnis dieser Prozesssteuerung werden daher Bewegungsbahnen geniert, die für jedes Schalenelement eine Bahn zur Verformungskompensation beschreiben und direkt als Bahnvorgabe für die Bewegung des Handhabungssystems verwendet werden können.

Für den beschriebenen Prozess wird angenommen, dass das Großbauteil an seinen vier Ecken von vier Handhabungseinheiten gehalten wird, die hauptsächlich die Gewichtskraft aufnehmen und zudem radiale Verformungskräfte auf das Bauteil aufbringen können. Hierzu werden die Handhabungseinheiten mit Kraft-Momenten-

Sensoren ausgestattet. Zwischen den vier Handhabungseinheiten kann sich z.B. ein Industrieroboter mit einem Vakuumgreifer an das Bauteil ankoppeln und dieses in einem lokalen Bereich gezielt mit Kräften beaufschlagen (Bild 4.3, rechts). Die Verformungskompensation erfolgt in zwei Phasen, in denen das Großbauteil nach dem Eintakten in die Montagestation zunächst vorpositioniert wird, bevor dann die gewünschte Zielgeometrie eingestellt wird. Während dieser beiden Bewegungsphasen wird immer nur jeweils eine Handhabungseinheit aktiv bewegt, um die komplexen Wechselwirkungen in der Schale beherrschbar und berechenbar zu halten.

4.3.1 Vorpositionierung des verformten Großbauteils

In der ersten Phase erfolgt eine Vorpositionierung des verformten Großbauteils, bei der die vier Eckelemente von jeweils einer Handhabungseinheit zur gewünschten Zielposition bewegt werden. Der Prozess wird bei den Eckelementen begonnen, da diese in der späteren Sektionsmontage die Anschlussstellen zu den anderen Flugzeugschalen bilden und die höchsten Genauigkeitsanforderungen an die Positionierung stellen. Für diese Vorpositionierung wird das Großbauteil somit durch n=4 Schalenelemente angenähert, so dass sich für die Steifigkeitsmatrix k die Dimension 4x4 ergibt und Vektoren für die erforderliche Verformungskraft $\vec{F}_{erf}$ und die Verformung der Eckelemente $\vec{u}_{Eck}$ jeweils vier Einträge besitzen. Diese vier, von Handhabungseinheiten geführten Eckelemente werden im Folgenden als „aktive Elemente“ bezeichnet, während die verbleibenden Elemente „passiv“ sind. Die passiven Elemente werden in dieser Prozessphase nicht weiter berücksichtigt, da diese keine relevanten Kräfte aufbauen können, sondern sich Kräfte in Form von Verformungen abbauen. Das Modell wird daher auf die vier aktiven Eckelemente reduziert, um einen recheneffizienten Algorithmus aufstellen zu können. Die passiven Elemente folgen der Bewegung der aktiven Elemente allein durch die Zwangsbedingungen im Bauteil (d.h. durch die mit jeder Relativverschiebung verbundenen Zugkräfte). Bei großen und sehr schweren Bauteilen können auch passive Elemente durch zusätzliche Handhabungseinheiten gehalten werden, wobei diese dann ausschließlich die Gewichtskraft aufnehmen und die beschriebenen Zwangsbewegungen durch die aktiven Elemente nicht behindern dürfen. Dadurch bleibt die Belastung der passiven Elemente mit einer äußeren Kraft während der Vorpositionierung neutral, während sich die Verformung, d.h. die Differenz zwischen Ist- und Zielposition, bei einer Bewegung der aktiven Elemente mit verändert. Dies ist wichtig, damit sich während der Vorpositionierung keine unzulässigen Kräfte bzw. Spannungen im Bauteil aufbauen können.

Vor der Vorpositionierung wird daher zuerst überprüft, ob die verformte Schale unter den gegebenen Randbedingungen (Steifigkeit, Verformung, zul. Maximalkraft) überhaupt in die Zielgeometrie gebracht werden kann, ohne dass Kraftgrenzen überschritten werden. Hierzu werden aus den Verformungen der vier Eckelemente $\vec{u}_{Eck}$ die jeweils erforderlichen Verformungskräfte

$$\vec{F}_{erf} = k \cdot \vec{u}_{Eck} \qquad (5)$$

berechnet. Daraus wird die maximal erforderliche Kraft $\vec{F}_{erf,soll}$ zur Verformungskompensation ermittelt, mit der die Sollgeometrie erreicht werden könnte, und mit einer (z.B. vom Bauteilkonstrukteur) vorgegebenen zulässigen Maximalkraft $\vec{F}_{max}$ verglichen. Wenn

$$\vec{F}_{erf,soll} < \vec{F}_{max} , \tag{6}$$

kann der Verformungskompensationsprozess gestartet werden. Andersfalls würde der Algorithmus den Vorgang abbrechen, damit nicht zu einem späteren Zeitpunkt während des Prozesses ein Not-Halt wegen überschrittener Kraftgrenzen ausgelöst wird. Aus der gegebenen Maximalkraft und der bekannten Steifigkeitsmatrix lässt sich umgekehrt auch eine maximal zulässige Elementverschiebung Δu_{max} berechnen, mit der eine noch zu ermittelnde Schrittweite für die Schalenelemente eingegrenzt und die Konvergenz des Verfahrens sichergestellt wird. Da sich die Steifigkeitsmatrix k nicht invertieren lässt, wird die Maximalverschiebung Δu_{max} iterativ mittels Gleichung 3 und $\vec{F}_{max}$ sowie einer zu definierenden Fehlergrenze abgeschätzt.

Die Vorpositionierung beginnt damit, dass das Eckelement mit der maximalen Verformung

$$u_{Eck,max} = \max\{\vec{u}_{Eck}\} \tag{7}$$

als erstes in Richtung Zielposition bewegt wird. Dieses Eckelement „i" wird von seiner Istposition $u_{ist,i}$ (entspricht $u_{Eck,max}$ zu Beginn des Prozesses) maximal so weit in Richtung der Zielposition bewegt, bis es den gleichen Verformungszustand wie das Eckelement mit der nächst-kleineren Verformung (mit „i_{next}" indiziert) aufweist. Dadurch wird sichergestellt, dass sich Verformungen zwischen den Schalenelementen stetig abbauen bzw. null sind, wenn die Eckelemente den gleichen Verformungszustand erreicht haben.

Als Schrittweite Δu_{Eck}, die stets einen positiven Wert haben muss, um das Schalenelement kontinuierlich in Richtung der Zielposition zu bewegen, ergibt sich daraus

$$\Delta u_{Eck} = \left| u_{ist,i} - u_{ist,i_{next}} \right| \tag{8}$$

Da die zuvor bestimmte Maximalverschiebung Δu_{max} nicht überschritten werden darf, muss gleichzeitig

$$\Delta u_{Eck} < \Delta u_{max} \tag{9}$$

gelten bzw. andernfalls $\Delta u_{Eck} = \Delta u_{max}$ gesetzt werden. Um sicherzustellen, dass Kraftgrenzen nicht überschritten werden, werden in jedem Iterationsschritt aus den Relativverschiebungen zwischen den Eckelementen und den lokalen Steifigkeitswerten die Kraftwerte berechnet, die sich zwischen den Elementen aufbauen.

Nach der gleichen Vorgehensweise werden alle Eckelemente bis zu dem Eckelement verschoben, das den jeweils nächst-kleineren Verformungszustand aufweist.

Das Eckelement, das zu Beginn den kleinsten Verformungszustand aufweist (und für das somit kein Element mit nächst-kleinerem Verformungszustand existiert), wird bis zur Zielposition bzw. ebenfalls bis zum Wert der Maximalverschiebung bewegt, sollte die Zielposition nicht mit einem Iterationsschritt und innerhalb zulässiger Kraftgrenzen erreicht werden können.

Sind alle Eckelemente einmal bewegt worden, wird die Iterationsschleife erneut durchlaufen. Auf diese Weise nähern sich alle Eckelemente iterativ ihrer Zielposition an. Der Vorgang wird solange fortgesetzt, bis alle Eckelemente ihre Zielposition erreicht haben. Die beschriebene erste Phase der Verformungskompensation ist in Bild 4.9 nochmals grafisch zusammengefasst.

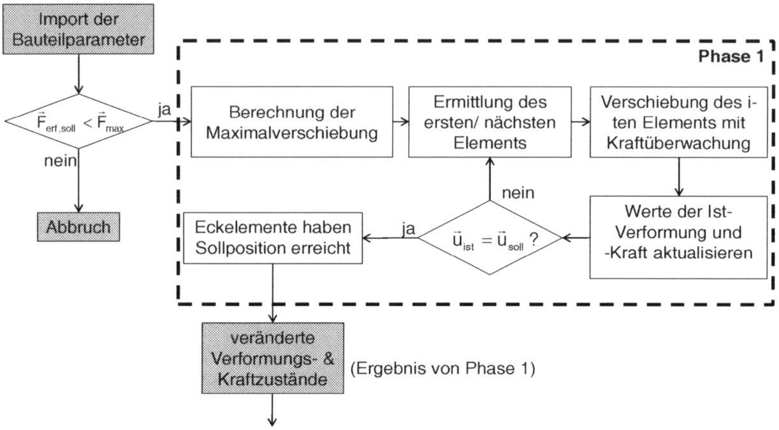

Bild 4.9: Flussdiagramm zur Vorpositionierung des verformten Großbauteils

Entscheidend bei der Verformungskompensation ist, dass das Bauteil gezielt mit Kräften belastet wird, ohne dass Kraftgrenzen überschritten werden. Die Schalenelemente werden somit nicht einfach schrittweise entsprechend der zuvor berechnet Schrittweite bewegt, sondern es wird permanent der Kraftzustand im Bauteil berechnet, überwacht und aufgezeichnet. Im Kapitel 4.4 wird dies beispielhaft für verschiedene Szenarien durchgeführt.

Am Ende dieser ersten Phase der Vorpositionierung liegen in dem Bauteil veränderte Verformungs- und Kraft-Zustände vor, die als Eingangsgrößen für die zweite Phase der Verformungskompensation dienen, bei der das Großbauteil seine gewünschte Sollgeometrie erhält.

4.3.2 Einstellen der Sollgeometrie

Nachdem in der ersten Prozessphase die Eckelemente des Großbauteils an ihren gewünschten Zielpositionen vorpositioniert worden sind, kann in der zweiten Phase die Sollgeometrie durch gezieltes Manipulieren der verbleibenden, zuvor passiven Elemente eingestellt werden. Es wird davon ausgegangen, dass die Eckelemente von den in Bild 4.3 (rechts) dargestellten Handhabungseinheiten an ihrer Zielposition gehalten werden, während die weitere Verformungskompensation von zusätzlichen Handhabungseinheiten oder einem Industrieroboter durchgeführt wird. Für die Steuerung dieser Prozessphase wird Selbstoptimierung eingesetzt, da eine Vielzahl an Möglichkeiten besteht, in welcher Reihenfolge die verbleibenden Elemente bewegt werden, um die bauteilindividuellen Verformungen zu kompensieren ohne Kraftgrenzen zu verletzen. Eine Vorabplanung dieser Abfolge und Prozessausführung ist aus Sicht des Autors mit konventioneller Automatisierung nicht möglich.

Das selbstoptimierende Einstellen der Sollgeometrie wird durch vorgegebene Regeln eingeschränkt. Damit ist sichergestellt, dass ein Algorithmus nur zielführende Lösungen generiert und diese Lösungen einen „plausiblen" Prozessverlauf versprechen, so dass dieser von einem Benutzer nachvollzogen und somit einfacher akzeptiert werden kann. Eine zielführende Verformungskompensation wird primär durch die Montage der Spante reglementiert. Da die Position der Spante fest vorgegeben ist, ergibt sich daraus eine Gruppe an Schalenelementen, die für die Montage eines Spantes die korrekte Hautfeldkrümmung ergeben müssen. Diese Schalenelemente werden gemäß Bild 4.5 und Bild 4.7 zu einem lokalen Bereich zusammengefasst, für den die lokale Verformungskompensation durchgeführt wird.

Um diese Verformungskompensation optimal, d.h. mit einem Minimum an Kraftaufwand, vorzunehmen, wird zunächst der lokale Bereich mit der geringsten Verformung ausgewählt. Da die Eckelemente in der ersten Phase bereits vorpositioniert worden sind, befindet sich dieser Bereich mit minimaler Verformung zwischen den Eckelementen am Rand des Hautfeldes, d.h. beim „ersten" oder „letzten" Spant, so dass die Auswahl des ersten zu korrigierenden Schalenelementes auf diese Bereiche eingeschränkt werden kann. Das identifizierte Randelement mit der minimalen Abweichung wird dann durch Aufbringen einer äußeren Kraft auf seine Zielposition bewegt, wobei die veränderlichen Verformungs- und Kraftzustände innerhalb des Hautfeldes permanent überwacht werden.

Je nach Position, an der diese äußere Kraft aufgebracht wird, ändern sich die Kräfteverhältnisse an den Eckelementen, an denen das Hautfeld von einem Handhabungssystem gehalten und somit eine Gegenkraft erzeugt wird. Diese zusätzliche Gegenkraft kann während des Prozesses mit einem Kraft-Momenten-Sensor erfasst werden, so dass darüber ein neuer Kraft- und ein neuer Verformungszustand des Bauteils bestimmt werden können. Aus diesem Grund handelt es sich in der ersten Phase (vgl. Kapitel 4.3.1) lediglich um eine Vorpositionierung der Eckelemente, da sich durch das Aufbringen von äußeren Kräften in dieser zweiten Phase zusätzliche Verformungen bzw. insbesondere Orientierungsänderungen an den Eckelementen ergeben können.

Wenn alle Schalenelemente eines lokalen Bereichs an ihre Zielposition bewegt worden sind, wird die erzielte Bauteilgeometrie durch die Montage eines Spantes gesichert. Die Verformungskräfte zum Einstellen der Sollgeometrie, die zuvor von den Handhabungseinheiten von außen auf das Bauteil aufgebracht worden sind, treten nun als innere Kräfte zwischen Schalenelementen, Clips und Spant auf. Der Kraftzustand (und damit der Verformungszustand) in den Schalenelementen ändert sich dadurch theoretisch nicht. Real auftretende Setzerscheinungen u.ä. reduzieren die Kraft gegebenenfalls, jedoch können diese zufälligen, unsystematischen Einflüsse nicht im Modell berücksichtigt werden.

Mit steigender Anzahl an montierten Spanten vergrößert sich die Steifigkeit des Großbauteils, wodurch sich die Kraftflüsse innerhalb des Bauteils ändern. Für diese zweite Prozessphase zum Einstellen der Sollgeometrie können daher die Kraftzustände nicht mehr über eine (konstante) Steifigkeitsmatrix des Bauteils berechnet werden, sondern es muss für jeden zu betrachtenden Bauzustand z eine spezifische Steifigkeitsmatrix k_z eingeführt werden, mit der die zunehmende Steifigkeit und die veränderliche Kraftübertragung innerhalb des Bauteils abgebildet werden können. Bei einem Schalenbauteil aus n Schalenelementen ergibt sich für k_z eine n x n-Matrix

$$k_z = \begin{pmatrix} k_{z\ 1,1} & k_{z\ 2,1} & \cdots & k_{z\ n,1} \\ k_{z\ 1,2} & \ddots & & \vdots \\ \vdots & & \ddots & \vdots \\ k_{z\ 1,n} & \cdots & \cdots & k_{z\ n,n} \end{pmatrix}. \quad (10)$$

Die Einträge von k_z entsprechen den Einträgen der zuvor verwendeten Matrix k (vgl. Gleichung 3), bei der ein Steifigkeitswert $k_{z\,i,j}$ die lokale Steifigkeit zwischen zwei Schalenelementen „i“ und „j“ darstellt. Darüber hinaus gilt weiterhin

$$k_{z\,i,j} = k_{z\,j,i}. \quad (11)$$

Für das Einstellen der Sollgeometrie muss zwischen aktiven Schalenelementen, die von Handhabungseinheiten durch eine äußere Kraft geführt werden, und passiven Elementen, die sich lediglich durch Zwangsbedingungen innerhalb des Bauteils mitbewegen, unterschieden werden. In passiven Elementen können sich somit keine Kräfte aufbauen, sondern diese werden in Form von Verformungen abgebaut. Schalenelemente, die im Verlauf der Montage von einem Spant verbunden werden und somit ebenfalls Kräfte untereinander übertragen, werden wie aktive Elemente behandelt. Während die Kraftübertragung zwischen aktiven Elementen in der Matrix k_z über einen Steifigkeitseintrag abgebildet wird, ist der Matrixeintrag für die passiven Elemente null. Mit zunehmender Anzahl an montierten Spanten reduziert sich somit die Anzahl an Nullen in der Matrix k_z. In welcher Reihenfolge diese Nullen eliminiert werden, hängt von der Reihenfolge der Verformungskompensation ab, die von dem selbstoptimierenden Algorithmus ermittelt wird.

Für die genaue Ermittlung der Einträge von k_z (die ungleich null sind) ist wiederum eine Parameteridentifikation erforderlich (vgl. Kapitel 4.2.3), die nach jedem montierten Spant zur Aktualisierung des Modells durchgeführt werden muss. Ein Messvorgang zur Bestimmung der neuen Bauteilgeometrie ist zu diesem Zeitpunkt im Montageprozess ohnehin erforderlich, um den lokalen Bauteilbereich zu ermitteln, an dem dann minimale Verformungen vorliegen und die Verformungskompensation fortgesetzt wird.

Mit den dargestellten Zusammenhängen kann aus der spezifischen Steifigkeit und der Verformung der verbleibenden Schalenelemente die erforderliche Kraft zum Erreichen der Sollgeometrie in dem lokalen Bereich berechnet werden. Die beschriebene zweite Phase zum Einstellen der Sollgeometrie ist in Bild 4.10 nochmals grafisch zusammengefasst.

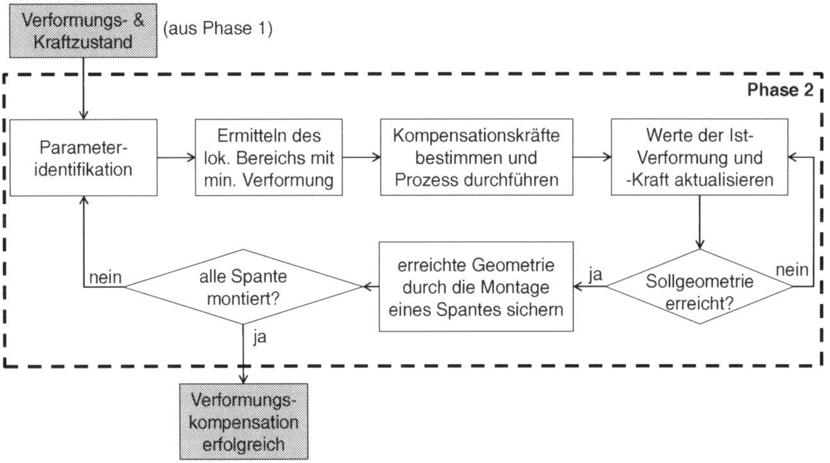

Bild 4.10: Flussdiagramm zum Einstellen der Sollgeometrie

4.4 Validierung der selbstoptimierenden Prozesssteuerung

Die entwickelten Modelle zur Bauteilbeschreibung und zur selbstoptimierenden Verformungskompensation werden abschließend implementiert, simulativ validiert und bewertet. Ziel der Validierung ist es, die existierenden Zusammenhänge zwischen Verformung und Kraft abzubilden. Eine exakte Berechnung von realen Kraft- und Verformungswerten wird auf Grund der simulationsbasierten Validierung mit fiktiven Zahlenwerten nicht angestrebt. Für die Validierung wird als Referenzbauteil ein CFK-Hautfeld mit Abmessungen von ca. 1,7 m x 2,1 m betrachtet, das in drei horizontale „Zeilen" und drei vertikale „Spalten" gegliedert wird, so dass sich für dieses Untersuchungsobjekt n=9 Schalenelemente ergeben (Bild 4.11).

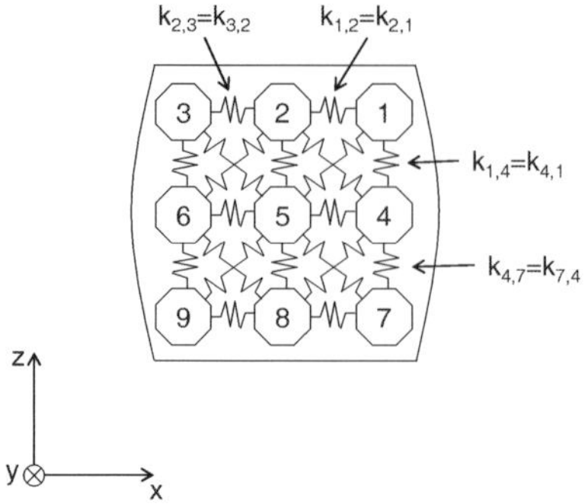

Bild 4.11: Bezeichnung der Schalenelemente bei der Validierung

Diese Anzahl von neun Schalenelementen ist für das untersuchte Bauteil angemessen, da bei einer Bauteilbreite von ca. 2,1 m und einem üblichen Spantabstand von ca. 53 cm [ENG08, S. 288] drei Spante auf dem Hautfeld verbaut werden, um einen realitätsnahen Prozess abzubilden. Darüber hinaus können bei der Wahl von neun Schalenelementen alle vorkommenden Typen von Elementen abgebildet werden, d.h.

- Eckelemente mit fünf Außenseiten und drei benachbarten Schalenelementen,
- Kantenelemente mit drei Außenseiten und fünf benachbarten Elementen und
- Zentralelemente ohne Außenseite und acht benachbarten Elementen.

4.4.1 Implementierung

Die Implementierung der Bauteilmodellierung und der Verformungskompensation erfolgt in MATLAB mit den in Kapitel 4.2 und 4.3 dargestellten Zusammenhängen. Da die Beschreibung des Bauteils in Vektor- bzw. Matrixschreibweise erfolgt, ist MATLAB für diese Aufgabe gut geeignet und bietet über zahlreiche Toolboxen, wie z.B. zur Optimierung, zum Entwurf von Steuerungs- und Regelungssystemen oder zur Bahngenerierung, leistungsstarke Hilfsmittel [MATH14]. Um jedoch die gewünschten Funktionalitäten der selbstoptimierenden Prozesssteuerung umsetzen zu können, müssen die benötigten Algorithmen größtenteils neu implementiert werden. Es wird dazu eine Datenschnittstelle zu dem Robotersimulationssystem EASY-ROB implementiert, in dem die Bauteilgeometrie, d.h. die Positionen und Orientierungen der neun Schalenelemente, über kartesische Koordinaten grafisch vorgegeben und die generierten Roboterbewegungen zur Verformungskompensation visualisiert werden (Bild 4.12). Je Schalenelement wird somit ein Datensatz mit sechs Einträgen übertragen. Für den zeitunkritischen Import der Geometriedaten werden diese als Textdatei übertragen. Dies bietet den Vorteil, dass der Datensatz dauerhaft gespeichert und nicht für jeden Testlauf neu erzeugt werden muss.

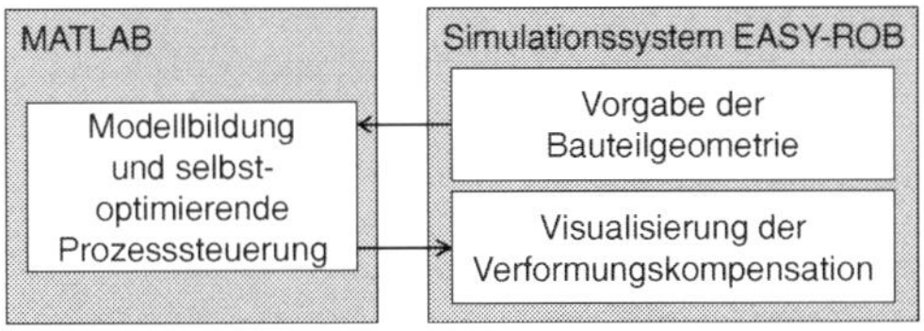

Bild 4.12: Implementierung der selbstoptimierenden Verformungskompensation

Für den Export der Bewegungsdaten von MATLAB an EASY-ROB wird eine Schnittstelle implementiert, mit der die Daten kontinuierlich übertragen und unmittelbar in EASY-ROB für die Visualisierung verarbeitet werden. Zu Beginn werden die Koordinaten der (verformten) Ist- und der (unverformten) Sollpositionen der Schalenelemente von EASY-ROB an MATLAB übergeben und bilden die geometrischen Eingangsgrößen für den Algorithmus der Verformungskompensation. Als weitere Eingangsgröße wird die Steifigkeitsmatrix k des Bauteils direkt in MATLAB erzeugt und mit fiktiven Werten, die die realen Gegebenheiten qualitativ abbilden, parametriert. Über unterschiedliche Istpositionen und unterschiedliche Einträge in der Steifigkeitsmatrix können unterschiedliche Szenarien abgebildet und validiert werden (vgl. Kapitel 4.4.2 „Validierungsszenarien").

Da die Validierung rein simulativ erfolgt, sind für die Implementierung weitere Berechnungen erforderlich, um ein möglichst realistisches Abbild der Verformungskompensation zu erzielen. In dem Modell zur Verformungskompensation wird das Großbauteil in mehrere Schalenelemente gegliedert, die sich iterativ von einer Ist- zur Sollposition bewegen. Eine rein translatorische, radiale Verschiebung eines aktiven Schalenelementes würde jedoch beispielsweise Unstetigkeiten, d.h. Knicke bzw. Lücken, zu seinen passiven Nachbarelementen verursachen, die real jedoch nicht auftreten, da das Bauteil eine ausreichende Steifigkeit besitzt, um eine stetige Geometrie beizubehalten. Stattdessen reagiert das reale Bauteil auf die translatorische Bewegung mit einer rotatorischen Ausgleichsbewegung der benachbarten Elemente (Bild 4.13).

Während die translatorische Bewegung des Schalenelements aus dem Algorithmus zur Verformungskompensation resultiert, wird die rotatorische Bewegung für eine verbesserte Visualisierung anhand der geometrischen Zusammenhänge berechnet. Eine Stetigkeit zwischen zwei benachbarten Elementen wird angenähert, indem die angrenzenden Kanten über eine Verdrehung zueinander ausgerichtet werden. Zwischen den zwei Bezugspunkten und dem Berührpunkt der Schalenkanten entsteht ein gleichschenkliges Dreieck mit der Basis s und den Schenkellängen h/2. Die resultierenden Winkeländerungen $\Delta\alpha$ am aktiven Element bzw. $\Delta\beta$ am passiven Element lassen sich über den Kosinussatz berechnen. Auf diese Weise wird für die Visualisierung der Validierung eine Orientierungsänderung der Schalenelemente abgebildet, die sich in der Realität auf Grund des Bauteilverhaltens automatisch ergeben würde.

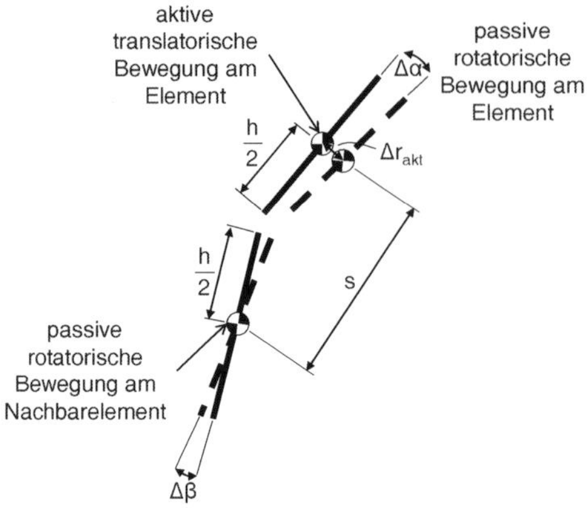

Bild 4.13: Modellierung der Stetigkeit eines realen Hautfeldes

Für das Einstellen einer Sollgeometrie müssen unterschiedliche Bauzustände betrachtet werden, um die zunehmende Bauteilsteifigkeit durch die Montage der Spante abzubilden. Dies kann über eine Parameteridentifikation erfolgen, die mit jedem neuen Bauzustand durchgeführt wird, um die Berechnungsmodelle mit realen Daten zu parametrieren. Da bei der simulativen Validierung keine realen Daten zu Verfügung stehen, wird für jeden zu betrachtenden Bauzustand die Steifigkeit des Bauteils abgeschätzt. Da von den insgesamt neun zu positionierenden Schalenelementen bereits vier Eckelemente vorpositioniert wurden, müssen noch die Verformungen von fünf Schalenelementen kompensiert und entsprechend fünf Bauzustände berücksichtigt werden.

Bei der beschriebenen Vorgehensweise werden die unterschiedlichen Bauzustände über Fallunterscheidungen abgebildet. Mit zunehmender Anzahl an Schalenelementen, in die das Großbauteil gegliedert wird, ändern sich auch die Anzahl bzw. Kombinationsmöglichkeiten der Montagereihenfolgen. Die Implementierung wird dadurch sehr komplex. Für die betrachteten Validierungsszenarien mit neun Schalenelementen und fünf Fallunterscheidungen sind die Implementierungsaufwände noch akzeptabel. Eine Weiterentwicklung des Prozesses, bei der das Bauteil beispielsweise in eine größere Anzahl an Schalenelementen aufgeteilt wird, ist mit der hier verwendeten Implementierung jedoch nicht zu empfehlen. Diese Erweiterungen der Modelle sind zwar erforderlich, sollten jedoch erst vorgenommen werden, wenn die maschinelle Ausstattung (Handhabungssystem, Messtechnik u.ä.) zur Verfügung steht, um die in Kapitel 4.3.2 beschriebene Prozessabfolge inkl. Parameteridentifikation in der Realität durchführen zu können.

4.4.2 Validierungsszenarien

Anhand ausgewählter Szenarien werden die Gültigkeit der aufgestellten Modelle und die Funktionsfähigkeit der selbstoptimierenden Prozesssteuerung simulativ validiert. Es ist zu untersuchen, ob der Algorithmus auch für große Bauteilverformungen, die über das real zu erwartende Maß hinausgehen, noch positive Ergebnisse liefert bzw. bei negativen Ergebnissen den Prozess abbricht. Darüber hinaus ist zu prüfen, ob die generierten Verformungs- und Kraftverläufe plausibel sind und die auftretenden Phänomene bei der Positionierung von Großbauteilen, d.h. beispielsweise der Auf- und Abbau von Kräften bei der Verformungskompensation, abgebildet werden. Die exakte Berechnung von Kraft- und Verformungswerten ist auf Grund der fiktiven Eingangsgrößen bei der Validierung nicht von Interesse.

Als variable Eingangsgrößen für die zu untersuchenden Szenarien werden

- das Steifigkeitsverhältnis der Schale
- obere/ untere Kraftgrenzen und
- unterschiedliche Startgeometrien/ -verformungen

gewählt.

Das Steifigkeitsverhältnis gibt unterschiedliche Steifigkeiten in Längs- und Querrichtung an, um hierdurch den Einfluss der Stringer (Versteifung der Schale in Längsrichtung) abzubilden. Bei einem Steifigkeitsverhältnis von 1:1 entspricht dies einem homogenen Bauteil ohne Stringer, während die Stringer bei Verhältnissen von 1:2 und 1:3 unterschiedlich stark berücksichtigt werden. Daneben werden obere und untere Kraftgrenzen (in einer fiktiven Krafteinheit „KE") mit Werten von ±1000 KE, ±1500 KE und ±2000 KE vorgegeben. Zudem werden unterschiedliche Startgeometrien, d.h. Bauteilverformungen zu Beginn des Prozesses (in der fiktiven Verformungseinheit „VE"), untersucht. Durch Kombination der drei Steifigkeitsverhältnisse, drei Kraftgrenzen und drei Startkonfigurationen ergeben sich insgesamt 27 Versuchsszenarien, die mit einer fortlaufenden Nummer bezeichnet werden und in Tabelle 1 zusammengefasst sind. Die drei unterschiedlichen Startgeometrien sowie die Zielgeometrie sind in Bild 4.14 grafisch dargestellt.

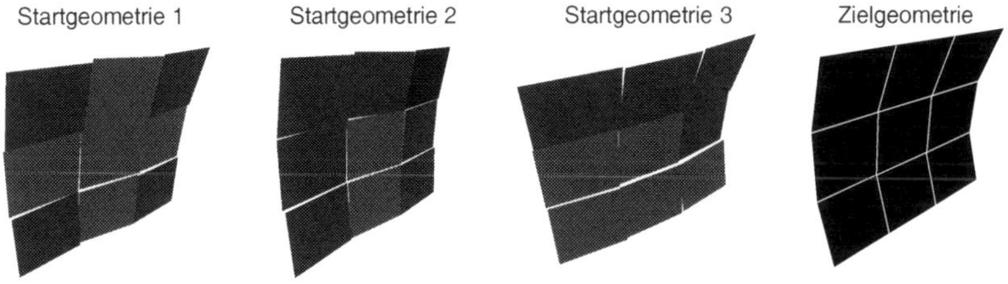

Bild 4.14: Grafische Darstellung der drei Startgeometrien und der Zielgeometrie

Tabelle 1: Variable Eingangsgrößen der Validierungsszenarien

Bez.	Steifigkeitsverhältnis (Einfluss der Stringer)	Kraftgrenzen [KE]	Startgeometrie
V001	1:1	1000	Startgeom_1
V002	1:2	1000	Startgeom_1
V003	1:3	1000	Startgeom_1
V004	1:1	2000	Startgeom_1
V005	1:2	2000	Startgeom_1
V006	1:3	2000	Startgeom_1
V007	1:1	1000	Startgeom_2
V008	1:2	1000	Startgeom_2
V009	1:3	1000	Startgeom_2
V010	1:1	2000	Startgeom_2
V011	1:2	2000	Startgeom_2
V012	1:3	2000	Startgeom_2
V013	1:1	1000	Startgeom_3
V014	1:2	1000	Startgeom_3
V015	1:3	1000	Startgeom_3
V016	1:1	2000	Startgeom_3
V017	1:2	2000	Startgeom_3
V018	1:3	2000	Startgeom_3
V019	1:1	1500	Startgeom_1
V020	1:2	1500	Startgeom_1
V021	1:3	1500	Startgeom_1
V022	1:1	1500	Startgeom_2
V023	1:2	1500	Startgeom_2
V024	1:3	1500	Startgeom_2
V025	1:1	1500	Startgeom_3
V026	1:2	1500	Startgeom_3
V027	1:3	1500	Startgeom_3

4.4.3 Ergebnisse der Validierung

Für die in Tabelle 1 angegebenen Eingangsgrößen werden die Bauteilmodelle aufgestellt, die Prozesssteuerung zur Verformungskompensation durchlaufen und die Ergebnisse auf ihre Plausibilität überprüft. Die in Kapitel 4.3.1 beschriebene Prüfung, ob eine Verformungskompensation bei den gegebenen Randbedingungen möglich ist, ergibt, dass der Algorithmus für die Szenarien V002, V003, V008, V009, V014, V015, V021 und V024 keine Lösung berechnen kann. Diese Szenarien haben gemeinsam, dass eine Kraftgrenze von ±1000 KE bzw. ±1500 KE sowie ein Steifigkeitsverhältnis von 1:2 bzw. 1:3 vorgegeben werden. Unter diesen Randbedingungen bauen sich innerhalb des Bauteils Verspannungen auf, die während des Prozesses zum Überschreiten einer Kraftgrenze führen würden und daher zu keiner gültigen Lösung führen. Diese Szenarien werden im Folgenden nicht weiter betrachtet.

Für die verbleibenden Szenarien können der Algorithmus zur Verformungskompensation vollständig durchlaufen sowie die Verformungs- und Kraftverläufe aufgestellt und weitergehend untersucht werden. Die Auswertung für das Szenario V001 ist beispielhaft in Tabelle 2 dargestellt, in der der zeitliche Verlauf an ausgewählten Prozesszuständen, die grafische Darstellung des Hautfeldes und die Verformungs- und Kraftverläufe für drei repräsentative Schalenelemente abgebildet sind. Die Verformungs-/ Kraftverläufe werden in MATLAB ermittelt und an EASY-ROB übertragen. Dort wird auf Basis der MATLAB-Daten die grafische Darstellung des Hautfeldes erzeugt und der Prozessfortschritt visualisiert.

In der grafischen Darstellung des Hautfeldes ist die veränderliche Verformung direkt ersichtlich, während die angreifende Kraft über eine farbliche Codierung dargestellt wird (eine dunkle/ schwarze Färbung bedeutet eine geringe Kraft, während eine helle/ hellgraue Färbung auf eine hohe angreifende Kraft hindeutet). Zu Beginn des Prozesses (t=0) weist das Bauteil die in Bild 4.14 dargestellte Verformung der Startgeometrie „Startgeom_1" auf. Die dargestellten Schalenelemente haben zu diesem Zeitpunkt einen unterschiedlich stark verformten Zustand, ohne dass diese mit einer Kraft belastet werden. Bis zum Schritt t≈440 erfolgt die Vorpositionierung der Eckelemente (vgl. Tabelle 2, Element 3 und Element 9). Danach beginnt das Einstellen der Sollgeometrie am Element 6. Dieses wird bis zu diesem Zeitpunkt als passives Element ohne äußere Kräfte behandelt, so dass sich dessen Verformungszustand lediglich durch Bewegungen der Nachbarelemente verändert hat. Dadurch kann die Startverformung von ca. -132.67 mm bis zum Schritt t=362 zunächst vollständig abgebaut werden, steigt durch die Bewegungen der benachbarten Elemente jedoch wieder bis auf ca. 41,03 mm im Schritt t=439 an (vgl. Tabelle 2, Element 6). Ab dem Schritt t=441 wird das Element 6 aktiv mit einer zunächst stetig ansteigenden Kraft beaufschlagt, um die verbleibende Restverformung zu kompensieren und die Sollgeometrie zu erreichen. Am Ende des Prozesses (t=547) befinden sich alle Elemente an der Zielposition, d.h. alle Verformungen sind null. Die für die Verformungskompensation erforderlichen Kräfte ergeben sich entsprechend des Verformungsgrades und der Steifigkeit des Bauteils.

Tabelle 2: Auswertung von Szenario V001

Schritt t	**grafische Darstellung des Hautfeldes in EASY-ROB**	**Kraft-/ Verformungsverlauf in MATLAB**
t=0	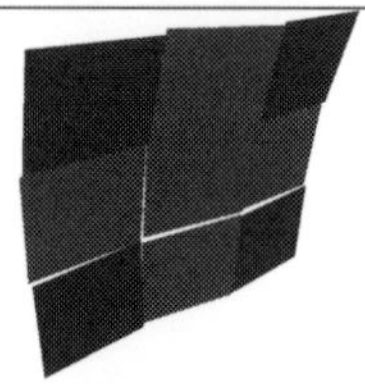	Element 3 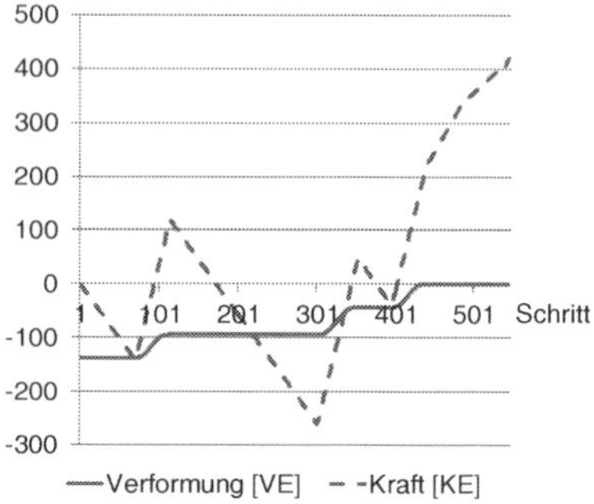
t≈100	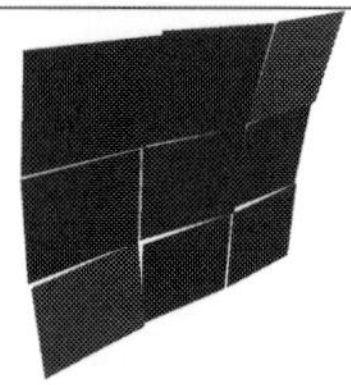	
t≈200	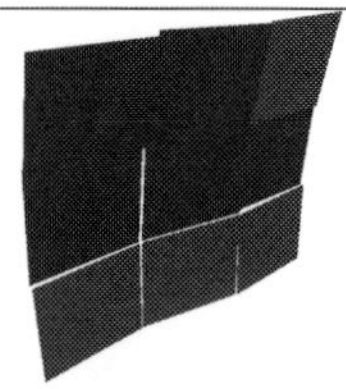	Element 6 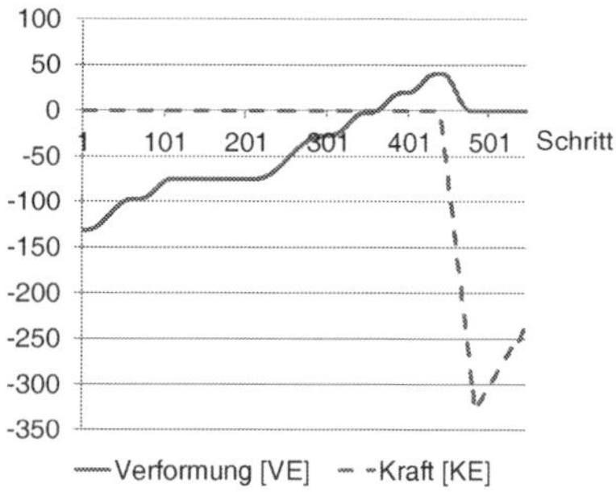
t≈300	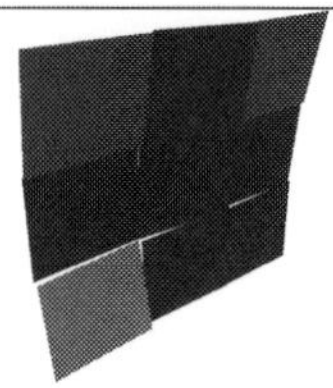	
t≈430	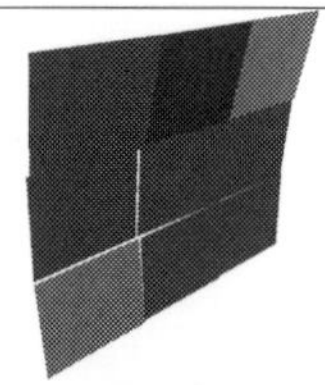	Element 9 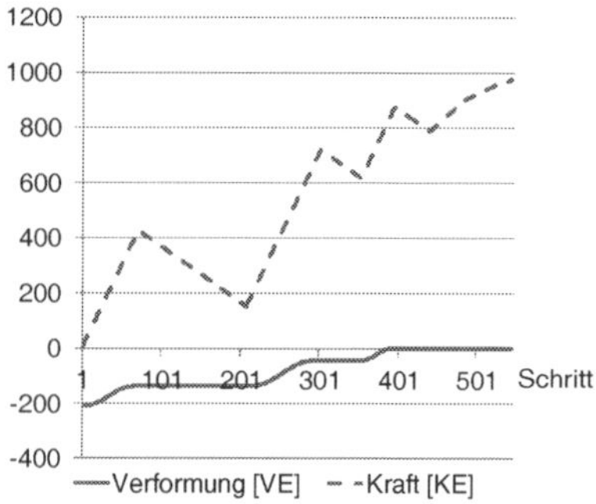
t=547	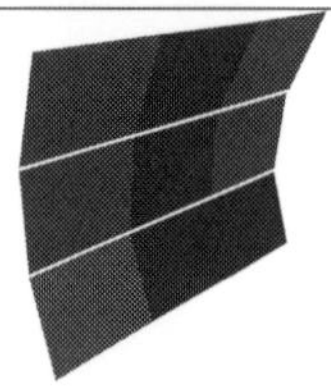	

Für das Szenario V001 sind in Bild 4.15 die Verläufe der Kräfte (links) und der Verformungen (rechts) aller neun Schalenelemente zusammengefasst. Es ist deutlich zu erkennen, dass die vorgegebenen Kraftgrenzen von ±1000 KE durch den Algorithmus weitestgehend ausgenutzt werden. Die Extremwerte werden durch das Schalenelement 1 (mit einem Wert von F=-881,68 KE im Schritt t=440) sowie durch das Schalenelement 9 (mit einem Wert von F=977,77 KE im Schritt t=547) erreicht.

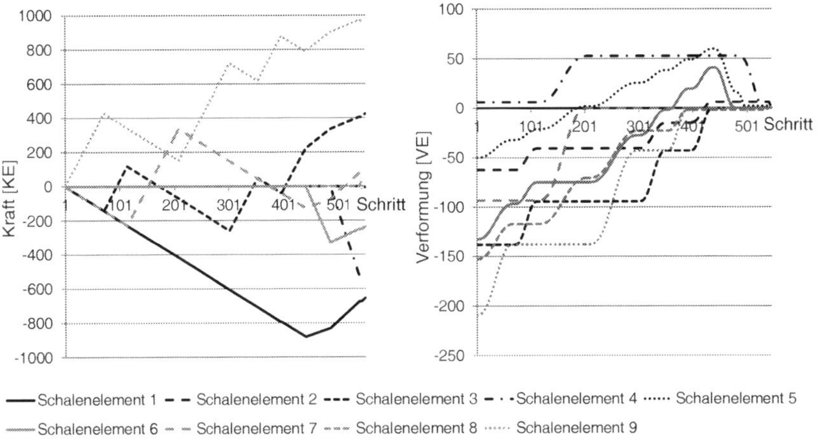

Bild 4.15: Kraft/ Verformungsverlauf aller Schalenelemente im Szenario V001

Der Verformungsverlauf zeigt, wie für alle Schalenelemente die Verformung von einem gegebenen Startwert auf null reduziert wird. Bei den Schalenelemente 1, 3, 7 und 9, die in der ersten Phase der Vorpositionierung aktiv mit einer Kraft beaufschlagt werden, wird die Verformung stetig abgebaut. Insbesondere bei den Schalenelementen 2, 4, 5 und 6, die zunächst passiv mitgeführt werden, ist während des Prozesses z.T. eine Vergrößerung der Verformung festzustellen, bevor diese erst in der zweiten Phase zum Einstellen der Sollgeometrie kompensiert wird. Die gezeigten Kraft- und Verformungsverläufe werden vom Algorithmus zur selbstoptimierenden Verformungskompensation auf Basis der implementierten Bauteilsteifigkeiten, Kraftgrenzen und Verformungen sowie deren Wechselwirkungen untereinander ermittelt. Die Komplexität der Verläufe macht deutlich, dass eine Vorabplanung der Bewegungen kaum möglich ist und der Einsatz von Selbstoptimierung zur Lösung der Aufgabe erforderlich ist.

Welch unterschiedliche Lösungen von dem Algorithmus generiert werden können, wird aus einem Vergleich von Szenario V001 (Bild 4.15) und Szenario V013 (Bild 4.16) deutlich. Diese beiden Szenarien unterscheiden sich gemäß Tabelle 1 lediglich in ihrem Verformungszustand – die Steifigkeitsverhältnisse und Kraftgrenzen sind identisch.

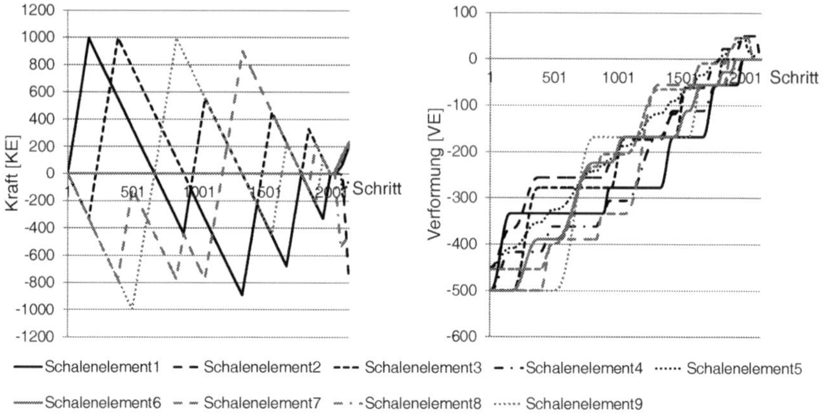

Bild 4.16: Kraft/ Verformungsverlauf aller Schalenelemente im Szenario V013

Auf Grund der (im Vergleich zu Szenario V001) größeren Verformungen sind größere Kräfte für eine Verformungskompensation erforderlich, so dass die Kraftgrenzen von ±1000 KE mehrfach erreicht werden (Bild 4.16, links). Durch entsprechende Nachstell-Bewegungen der Nachbarelemente können die relativen Verformungen und damit die Kräfte zwischen den Schalenelementen reduziert werden. Somit können auch für dieses Szenario alle Verformungen kompensiert werden (Bild 4.16, rechts) und eine gültige Lösung gefunden werden. Ein Überblick der Kraft-/ Verformungsverläufe der übrigen Szenarien ist im Anhang dargestellt.

4.5 Beantwortung der Forschungsfrage

Die Ergebnisse zeigen, dass mit den aufgestellten Modellen das Bauteilverhalten abgebildet und Bewegungsabfolgen für eine Verformungskompensation abgeleitet werden können. Der Algorithmus zur Verformungskompensation ist in der Lage, für unterschiedliche Ausgangszustände des Bauteils die Machbarkeit einer Verformungskompensation zu prüfen und eine selbstoptimierende Verformungskompensation durchzuführen, bei der der Zielzustand innerhalb vorgegebener Kraftgrenzen erreicht werden kann. Die Forschungsfrage kann somit positiv beantwortet werden.

Der Prozess der Verformungskompensation ist hardware-unabhängig entwickelt worden und konnte somit anhand einer Simulation validiert werden. Weiterer Handlungsbedarf besteht insbesondere bei der Identifikation der Bauteilparameter, damit die aufgestellten Modelle mit Realdaten, die zum Zeitpunkt der Veröffentlichung dieser Arbeit noch nicht vorliegen, validiert werden können. Daher liegt der Fokus dieser Arbeit darauf, eine völlig neue Art der Prozessführung zu entwickeln, mit der die Freiheitsgrade roboterbasierter Systeme in der Großbauteilmontage besser ausgenutzt und somit Effizienzsprünge für den Betreiber der Montageanlage ermöglicht werden. Die Ergebnisse zeigen erstmals für einen Anwendungsfall in der Großbauteilmontage, dass Selbstoptimierung ein geeigneter Lösungsansatz, um das komplexe Steuerungsszenario bei der Bauteilhandhabung mit dieser neuen Methode automatisieren zu können. Die hardware-unabhängige Entwicklung ermöglicht eine Anwendung der Prozesssteuerung auf unterschiedlichen Montageanlagen bzw. Handhabungssystemen und eine Übertragbarkeit für andere Branchen und Produkte. Aufbauend auf diesen Erkenntnissen können die Anforderungen an ein Handhabungssystem beschrieben und bei der Entwicklung künftiger Montagesysteme für Großbauteile berücksichtigt werden.

5 Steuerung von rekonfigurierbaren Handhabungssystemen

Im vorherigen Kapitel ist ein Steuerungsalgorithmus für die selbstoptimierende Verformungskompensation von Großbauteilen entwickelt und mit Hilfe eines Simulationssystems validiert worden. Um die von der Prozesssteuerung generierten Bewegungen für die Ausführung des Prozesses nutzen zu können, wird ein Steuerungssystem benötigt, um die Bewegungsdaten aus der Simulation direkt an die realen Handhabungssysteme übertragen zu können. In Kapitel 3.3 ist beschrieben worden, welche Möglichkeiten zur Steuerung und Programmierung von Handhabungssystemen nach aktuellem Stand der Technik existieren und der Forschungsbedarf in Kapitel 3.4 aufgezeigt worden.

Da ein rekonfigurierbares Handhabungssystem speziell für den Einsatz von häufig wechselnden Abläufen vorgesehen ist, ist eine einfache Rekonfiguration, Wiederinbetriebnahme und Neu-Programmierung für den wirtschaftlichen Einsatz entscheidend. Unterschiedliche Konfigurationen eines rekonfigurierbaren Handhabungssystems müssen dazu in der Simulation modelliert und Bewegungsabläufe von einem Benutzer bei einer simulationsbasierten Bahnplanung vorgegeben werden können. Eine wichtige Anforderung, die an ein Steuerungskonzept gestellt wird, ist daher, dass die in einer Simulation geplanten Bewegungsabläufe direkt für die reale Ausführung genutzt werden können. Hierzu kommen unterschiedliche Konzepte in Frage. Das eine Konzept wird bereits bei der Steuerung und Programmierung von Industrierobotern verwendet und beruht darauf, ein in der Simulationsumgebung erstelltes Programm auf die Robotersteuerung zu übertragen, dort auszuführen und die Bewegungsbahnen erneut zu generieren. Wegen inkompatibler Programmierstandards zwischen einem herstellerunabhängigem Robotersimulationssystem und einer SPS-basierten Steuerung der rekonfigurierbaren Handhabungssysteme kommt diese Variante der Programmierung für das hier betrachtete System jedoch nicht in Frage. Zudem muss das Steuerungskonzept auch die Möglichkeit bieten, die von der selbstoptimierenden Prozesssteuerung generierten Bewegungsdaten, die nicht vorab geplant werden können, umsetzen zu können. Daher wird im Folgenden untersucht, ob die Bewegungstrajektorien aus der Simulation online, d.h. während die Simulation läuft, auf eine SPS übertragen werden können und die realen Handhabungseinheiten nach den Prinzipien einer Vielpunktsteuerung synchron zur Simulation betrieben werden können [MÜLL11c]. Somit können Funktionen der Bahngenerierung oder Kollisionsüberwachung aus dem Simulationssystem auch zur Steuerung des realen Handhabungssystems verwendet werden. Damit dies gelingt, müssen zum einen die Abweichungen der Realität in der Simulation hinreichend genau abgebildet werden. Zum anderen ist eine schnelle Übertragung der Bewegungsdaten erforderlich. Das Konzept der Steuerungsarchitektur sowie die Zusammenhänge zwischen der Prozesssteuerung aus Kapitel 4 und der zu entwickelnden Anlagensteuerung in Kapitel 5 zeigt Bild 5.1.

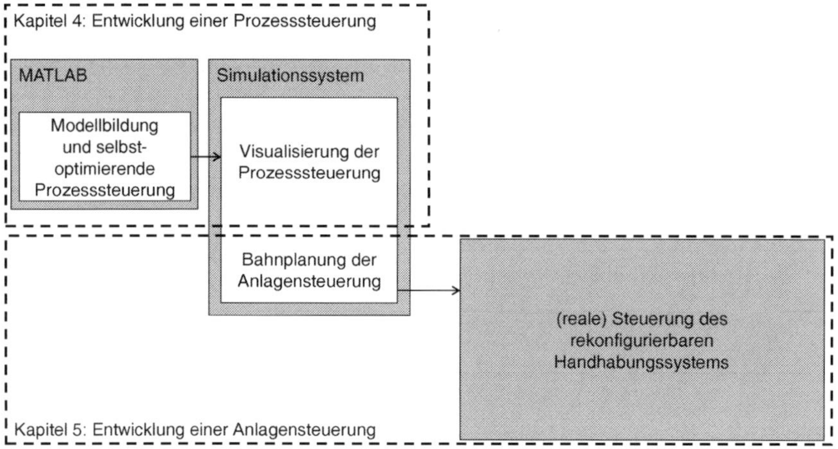

Bild 5.1: Konzept für die zu entwickelnde Steuerungsarchitektur

Zur Untersuchung der in der Einleitung formulierten Forschungsfrage wird diese Steuerungsarchitektur weiter ausgestaltet, prototypisch aufgebaut und das Steuerungskonzept implementiert. Die Forschungsfrage kann positiv beantwortet werden, wenn ein schneller Interpolationstakt für die Bereitstellung und Übertragung der Bewegungsdaten zwischen dem Simulationssystem und der realen Steuerung sichergestellt werden kann, so dass die (realen) Handhabungseinheiten eine stetige, fließende Bewegung ausführen, die der Bewegung in der Simulation entspricht. Als messbare Größe wird ein Interpolationstakt von 10-20 ms oder schneller angestrebt, so dass dieser in der Größenordnung von Datenschnittstellen industrieller Robotersteuerungen liegt (z.B. Interpolationstakt des KUKA-RobotSensorInterface (RSI): 12 ms [KUKA08a; KUKA08b]).

In den folgenden Kapiteln werden die Komponenten der Steuerungsarchitektur sowie die an die Komponenten gestellten Anforderungen vorgestellt. Über die Steuerungskomponenten hinweg ergibt sich eine Signalkette, für die ein Datenmanagementkonzept zur Datenbereitstellung und -verarbeitung diskutiert sowie Lösungen zur Datenübertragung entwickelt werden. Abschließend werden die Funktionsfähigkeit des entwickelten Steuerungskonzeptes an einem Demonstrator validiert, der erreichbare Interpolationstakt ermittelt und die Forschungsfrage beantwortet.

5.1 Beschreibung der Steuerungsarchitektur

Um ein Handhabungssystem mit Bewegungsdaten aus einer Robotersimulation betreiben zu können, muss eine Steuerungsarchitektur aufgestellt werden, mit der das Simulationssystem, das üblicherweise auf einem PC unter einer Windows-Umgebung ausgeführt wird, und die Steuerung des Handhabungssystem, die in einem schnellen Interpolationstakt die Bewegung ausführen muss, datentechnisch verbunden werden. Das Simulationssystem und die Steuerung bilden somit die

Kernelemente einer Steuerungsarchitektur für ein rekonfigurierbares Handhabungssystem.

5.1.1 Simulationssystem

Innerhalb des Simulationssystems erfolgt die simulationsbasierte Bahnplanung einer Handhabungsaufgabe, bei der die gewünschte Bewegungsbahn über Stützpunkte angenähert und diese in einem Bewegungsprogramm gespeichert werden. Während bei einem konventionellen Programmier- und Steuerungskonzept dieses Bewegungsprogramm auf die Robotersteuerung übertragen wird, verbleibt das Programm bei dem neu zu entwickelnden Steuerungskonzept in dem Simulationssystem, um dort die resultierenden Bewegungsbahnen zu generieren und direkt die einzelnen Bahnpunkte im Interpolationstakt an die Steuerung der Handhabungseinheiten zu übertragen. Somit kann auch die Funktionen der selbstoptimierenden Prozesssteuerung, die in Kapitel 4 entwickelt und in dem Simulationssystem validiert worden ist, in das Steuerungskonzept integriert werden.

Neben der Aufgabe der Bahngenerierung, die von jedem Robotersimulationssystem erfüllt werden kann, werden an die Steuerungskomponente „Simulationssystem" noch zwei wesentliche Anforderungen gestellt. Da das Handhabungssystem rekonfigurierbar ist, muss es möglich sein, dieses in der Robotersimulation abbilden zu können. In Kapitel 3.3 wird eine Auswahl an Simulationssystemen vorgestellt, die diese Modellierungsaufgabe erfüllen können. Die zweite wichtige Anforderung an das Simulationssystem ist die Möglichkeit, über eine Softwareschnittstelle Bewegungsdaten im Interpolationstakt exportieren zu können, um diese später zur Steuerung der realen Anlage nutzen zu können. Weitere, aber untergeordnete Kriterien sind z.B. eine einfache Bahnplanung einer kooperierenden Bewegung beim gemeinsamen Bauteilhandling oder die intuitive und einfache Bedienbarkeit der Software. Für die Validierung wird in Kapitel 5.3.2 ein detaillierter Vergleich zwischen zwei Simulationssystemen durchgeführt und ein System für die Implementierung dieses Steuerungskonzeptes ausgewählt.

5.1.2 Zentrale Koordinationseinheit

Von dem Simulationssystem werden die Bewegungsdaten an eine Steuerung übertragen, die im Folgenden als „zentrale Koordinationseinheit" bezeichnet wird. Diese hat die Aufgabe, für die weitere Datenübertragung innerhalb des Steuerungssystems die geforderten Echtzeitbedingungen zu erfüllen und die Daten an die dezentral organisierten Handhabungseinheiten zu verteilen (vgl. Kapitel 5.1.3). Zudem übernimmt diese Zentralsteuerung die Not-Aus-Überwachung des Gesamtsystems und ggf. weitere koordinierende Aufgaben (z.B. Koordination mit der Peripherie). Durch die zentrale Koordinationseinheit wird das in Kapitel 3.3 beschriebene Master-Slave-Prinzip kooperierender Roboter aufgehoben, und alle Handhabungseinheiten werden gleichgestellt, wodurch eine freie Rekonfigurierbarkeit der dezentralen Handhabungseinheiten erreicht wird.

Seit einigen Jahren sind PC-basierte Steuerungen auf dem Markt verfügbar, die die Möglichkeit bieten, Software-Anwendungen entweder unter einer Windows- oder einer Echtzeitumgebung ablaufen zu lassen [BUCH12]. Diese PC-basierten Steuerungen kommen dann zum Einsatz, wenn neben den klassischen SPS-Aufgaben (Erfassung von Eingangszuständen, Datenverarbeitung und Setzen von Ausgängen) zusätzlich noch PC-Aufgaben integriert werden müssen, z.B. die Verwaltung von Datenbanken [BUCH12]. Für das zu entwickelnde Steuerungskonzept wird daher in Voruntersuchungen geprüft, ob die Leistungsfähigkeit von PC-basierten Steuerungen ausreicht, um unter der Windows-Umgebung die Robotersimulation auszuführen und über die Echtzeitumgebung die Handhabungseinheiten zu steuern. Dadurch könnte eine Hardware-Komponente im Steuerungssystem ersetzt und somit Schnittstellen und Schnittstellenverluste reduziert werden. Die Voruntersuchungen mit den in Kapitel 5.3.2 vorgestellten Komponenten haben allerdings gezeigt, dass auf Grund der grafischen Rechenaufwände der Simulation die PC-basierte Steuerung schnell an ihre Leistungsgrenzen stößt. Der Interpolationstakt, der bei diesen Voruntersuchungen erzielt werden konnte, liegt in der Größenordnung von 45-50ms und damit um ein Vielfaches über der Zielgröße, die für das Steuerungssystem angestrebt und zu Beginn von Kapitel 5 festgelegt wurde. Die Ergebnisse zeigen, dass eine Ausführung der Simulation auf einem separaten PC somit unerlässlich ist, so dass dieses Konzept mit verteilten Rechnern im Folgenden weiterverfolgt wird und ein vermehrter Aufwand in einen schnellen Datenaustausch zwischen PC und zentraler Koordinationseinheit in Kauf genommen werden muss.

5.1.3 Dezentrale Handhabungseinheit

Die Bewegungsdaten werden im letzten Schritt an dezentrale Handhabungseinheiten übertragen. Diese haben die Aufgabe, die in einer Simulationsumgebung generierten und von der Zentralsteuerung weitergeleiteten Bewegungsbahnen mit der Mechanik bzw. ihren Antrieben auszuführen. Diese dezentralen Steuerungseinheiten übernehmen somit die Bewegungsaufgaben einer konventionellen Robotersteuerung (vgl. Kapitel 3.3) und können über Standard-Industrieroboter oder andere Handhabungsgeräte realisiert werden. Im Folgenden wird ausschließlich die Verwendung von SPS-basierten, rekonfigurierbaren Handhabungseinheiten betrachtet, um den hierfür identifizierten Forschungsbedarf direkt zu adressieren (vgl. Kapitel 3.3.2 und 3.4). Jede Handhabungseinheit wird mit einer eigenen vollwertigen Steuerung ausgestattet, so dass diese als eigenständiges mechatronisches Modul in das System integriert oder wieder entfernt werden kann.

Damit eine Handhabungseinheit in dem Steuerungssystem verwendet werden kann, muss die bestehende Definition eines mechatronischen Moduls von ISERMANN (vgl. Kapitel 2.1.1) um ein virtuelles Modell erweitert werden, mit dem eine Repräsentanz des Moduls in der Simulationsumgebung abgebildet werden kann (Bild 5.2). Da die Simulationsdaten Softwareelemente sind, kann das virtuelle Modell dem Bereich der Informationstechnik zugeordnet werden. Da dieses virtuelle Modell aber eine virtuelle Elektronik und Mechanik besitzt, die z.B. auch Kollisionen mit anderen virtuellen

Handhabungseinheiten haben kann, und über virtuelle Software-Technik verfügt, wird das virtuelle Modell als eigenständiges Element eines mechatronischen Moduls angesehen.

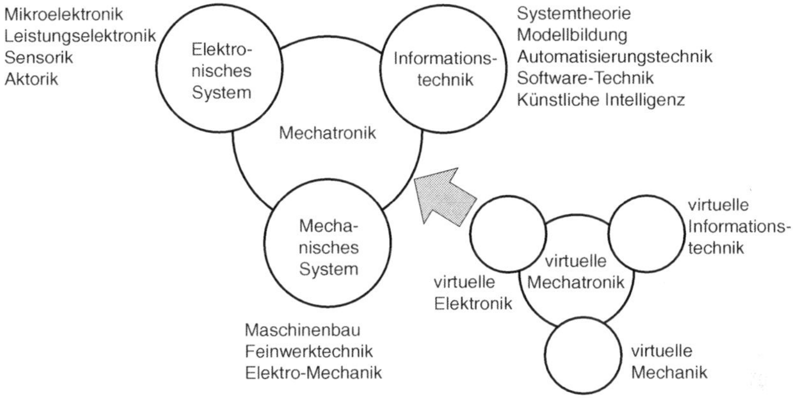

Bild 5.2: Erweiterte Definition eines mechatronischen Moduls (in Anlehnung an [JANS12])

Durch diese Erweiterung eines mechatronischen Systems um eine virtuelle Komponente bilden die dezentralen Handhabungseinheiten somit sog. „Cyber Physical Systems" (CPS), die sowohl über ein virtuelles („Cyber-") Abbild als auch über reale („physical") Komponenten verfügen. Diese Systeme verbinden die Vorgänge in der physischen Realität mit digitalen Infrastrukturen, woraus sich neue Möglichkeiten bei der Lösung von Automatisierungsproblemen ergeben [BROY10]. Diese Entwicklungen stehen derzeit im Fokus aktueller Forschungsarbeiten und werden auch in dieser Arbeit in ersten Ansätzen eingesetzt.

Von dieser erweiterten Definition wird im Folgenden ausgegangen. Alle Handhabungsgeräte, die in das zu entwickelnde Steuerungssystem integriert werden sollen, müssen dieser mechatronischen Definition entsprechen, d.h. neben den mechatronischen Komponenten (Mechanik, Elektronik, Software) auch über ein virtuelles Abbild verfügen, das eine Integration in das Simulationssystem und somit eine Steuerung auf Basis von Simulationsdaten ermöglicht.

Die beschriebenen Anforderungen an ein rekonfigurierbares Handhabungssystem und seine Steuerungskomponenten führen zu einer modularen Steuerungsarchitektur, die aus den Komponenten „Simulationssystem" (als virtuelle Umgebung), „zentrale Koordinationseinheit" und „dezentrale Handhabungseinheiten" (als Teile der realen Welt) besteht (Bild 5.3).

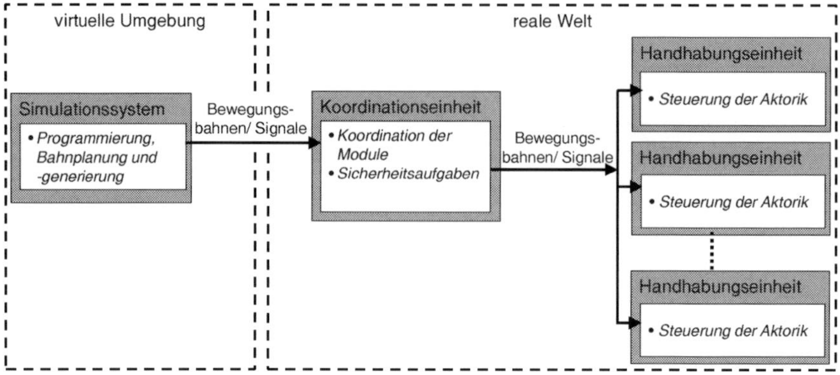

Bild 5.3: Modulare Steuerungsarchitektur für rekonfigurierbare Handhabungssysteme (in Anlehnung an [JANS12])

5.2 Beschreibung der Signalkette

In dem resultierenden Steuerungssystem mit mehreren verteilten Rechnern, d.h. mit einem PC zur Simulation, einer koordinierenden Zentralsteuerung (SPS) und mehreren dezentralen Steuerungen (SPS) für jedes Handhabungsgerät, können Daten auf jedem der genannten Rechnersysteme verarbeitet werden. Es wird daher zunächst ein Datenmanagementkonzept diskutiert, mit dem die Verantwortlichkeiten für Daten und deren Verarbeitung in dem System sinnvoll verteilt werden. Für die sich daraus ergebende Signalkette werden das verwendete Datenformat für die Übertragung sowie geeignete Bussysteme und Datenübertragungsprotokolle vorgestellt.

5.2.1 Datenmanagement

Der Kerngedanke des zu entwickelnden Steuerungskonzeptes ist es, die Funktionalitäten des Simulationssystems (z.B. Bahngenerierung, Kollisionsüberwachung etc.) möglichst umfangreich zu nutzen, um den Entwurf und die Implementierung der immer komplexer werdenden Robotersysteme [KLEI07] und deren Steuerungskomponenten so weit wie möglich zu vereinfachen. Insbesondere wenn kooperierende Roboter gemeinsam ein Bauteil handhaben und die Bewegungen der einzelnen Achsen voneinander abhängig sind, ist dies mit einem erhöhten steuerungstechnischen Entwicklungsaufwand verbunden, den es zu minimieren gilt [KOHN07]. Gleichzeitig soll das zu entwickelnde Steuerungssystem auch eine einfache Rekonfiguration des Handhabungssystems ermöglichen, so dass dieses mit möglichst geringen Änderungen in der Steuerung und Programmierung wieder in Betrieb genommen werden kann.

Zwischen der zentralistischen Anforderung, die Funktionalitäten des Simulationssystems optimal zu nutzen, und der Forderung nach Modularität/ Dezentralität und Rekonfigurierbarkeit muss ein Kompromiss gefunden werden, wie Daten in diesem Steuerungssystem verwaltet werden sollen. Das Datenmanagement wird innerhalb des Steuerungssystems daher derart strukturiert, dass zwischen „zentralen Daten der Handhabungsaufgabe“ und „dezentralen Daten der Handhabungseinheiten“ unterschieden wird (Tabelle 3).

Tabelle 3: Datenmanagement in einer modularen Steuerungsarchitektur

Zentrale Daten der Handhabungsaufgabe	Dezentrale Daten der Handhabungseinheiten
Bahn des Bauteils im Welt-Koordinatensystem	Anordnung/ Lage der Basis der Handhabungseinheit im Welt-Koordinatensystem
Geometrie des Bauteils/ Lage der Greifpunkte am Bauteil	Kinematische Beschreibung
Bahnen der Greifpunkte im Welt-Koordinatensystem	Bahnen der Greifpunkte im Basis-Koordinatensystem
	Rückwärtstransformation/ Gelenkwinkel

Die Beschreibung einer Handhabungsaufgabe beginnt mit der Vorgabe einer Bauteilbahn im Welt-Koordinatensystem. Für Bauteile, die während der Handhabung als steif angenommen werden, kann deren Geometrie vereinfachend auf die Lage der Greifpunkte reduziert werden, so dass sich aus der Bauteilbahn direkt auch die Bahnen der Greifpunkte bzw. der Tool-Center-Points (TCP) der Handhabungseinheiten ergeben (vgl. Kapitel 3.3). Diese zentral verwaltete und in einem Welt-Koordinatensystem vorgegebene Bauteilbahn wird dann an die dezentralen Handhabungseinheiten übergeben. Diese verwalten jeweils die Bezugsdaten ihrer Basis im Welt-Koordinatensystem und ihre kinematische Struktur und können somit die Bahnen der Greifpunkte in ihr jeweiliges Basis-Koordinatensystem umrechnen. Nach einer kinematischen Rückwärtstransformation sind die Gelenkwinkel bekannt und die gewünschte Bewegung kann ausgeführt werden.

Bei diesem Datenmanagementkonzept werden für die Aufgaben der Bahnplanung und -generierung und für einen Großteil der Transformationsberechnungen die Funktionalitäten der Simulation genutzt. Lediglich die kinematische Rückwärtstransformation sowie die dafür erforderlichen Daten zur Umrechnung einer Bewegungsbahn von einem Welt- in ein Basis-Koordinatensystem werden auf die dezentralen Handhabungseinheiten übertragen. Ebenso wäre es auch möglich, die kinematische Rückwärtstransformation in der Simulationsumgebung durchzuführen und direkt die Gelenkwinkel an die dezentralen Handhabungseinheiten zu übertragen. In diesem Fall müssten diese keine weiteren Berechnungen durchführen, so dass auf eine Recheneinheit ggf. verzichtet werden könnte und lediglich Antriebseinheiten erforderlich wären. Nachteilig an dieser Form der Datenbereitstellung ist allerdings, dass diese Beschreibung der Bewegung damit kinematikspezifisch ist. Sollte es erforderlich sein, einen Kinematik-Typ durch einen anderen zu ersetzen, könnten die Daten nicht mehr verwendet werden. Da dieser Kinematikaustausch allerdings auch in der Simulation stattfinden würde, würden auch für die neue Kinematik Achswerte berechnet werden, so dass das Argument der Austauschbarkeit von Kinematiken bei der Diskussion des Datenmanagementkonzeptes nicht standhält.

Stattdessen bietet die Beschreibung der Bewegung in kartesischen Koordinaten die Möglichkeit, diese Daten gleichzeitig als Referenzwerte für eine messtechnische Überwachung des Montageablaufs zu nutzen. Die Überwachung erfolgt durch Messsysteme, die Abweichungen in kartesischen Koordinaten ermitteln und diese z.B. in einem globalen Referenzsystem als gemeinsames Bezugssystem zur Verfügung stellen [NORM12]. Wird auch die Roboterbewegung kartesisch vorgegeben, können mögliche Korrektur-Werte zur Kompensation einfach verrechnet werden. Somit ist die Möglichkeit der messtechnischen Kompensation (und nicht die kinematikunabhängige Beschreibung einer Bewegung) das entscheidende Argument dafür, dass die Roboterbewegung in kartesischen Koordinaten und nicht in Achswinkeln an die dezentralen Handhabungseinheiten übergeben wird, auch wenn dadurch die vorhandenen Daten und Funktionalitäten einer Robotersimulation nicht in vollem Umfang genutzt werden und zusätzlicher Implementierungsaufwand (für die Rückwärtstransformation) für die dezentralen Steuerungen entsteht.

Das beschriebene Datenmanagement bietet den Vorteil, dass für eine Umprogrammierung der Handhabungsaufgabe lediglich Anpassungen in der Simulationsumgebung erforderlich sind und die dezentralen Einheiten mit aufgabenunabhängigen Standardprogrammen betrieben werden können, mit denen die Bewegungsanweisungen (inkl. weiterer Befehle z.B. zum Öffnen/ Schließen eines Greifers) verarbeitet werden können. Durch diese strukturierte Datenaufteilung wird z.B. auch die Fehlersuche in einem verteilten Rechnersystem vereinfacht.

5.2.2 Datenformat

An das Format der zu übertragenden Daten wird die Anforderung gestellt, dass es eine kooperierende Handhabungsbewegung vollständig beschreiben muss. Um mit dem Steuerungssystem einen möglichst schnellen Interpolationstakt zu erzielen, wird für den Ethernet-basierten Datentransfer zwischen dem Simulationssystem und der Zentralsteuerung ein zugeschnittenes Datenformat entwickelt, das auf die wesentlichen Informationen reduziert ist und somit eine schnelle Datenübertragung ermöglicht. Diese Forderung kann über folgende Daten bzw. Parameter erfüllt werden:

- Identifikationsparameter der Handhabungseinheit („KIN ID“)
- Bezugssystem der Positionsdaten („TYPE“)
- 6 Positionsdaten zur Beschreibung einer Position im Raum („d1“ bis „d6“)
- Greiferparameter zum Öffnen/ Schließen („d7“)
- optional: Zeitstempel zur Synchronisation

Mit einem Identifikationsparameter werden die einzelnen Handhabungseinheiten über eine laufende Nummer identifiziert, so dass jeder Einheit die korrekten Daten zugeordnet werden können. Als Daten können zum einen Bewegungsdaten exportiert werden, die die Position des TCP der Handhabungseinheit beschreiben (TYPE

= „TCP“). Zum anderen können auch Daten in die Simulation importiert werden, beispielsweise wenn veränderte Basis-Koordinaten der Handhabungseinheit in einem Einmessvorgang festgestellt werden (TYPE=“Base“). In diesen Fällen entsprechen die Daten d1 bis d6 den Koordinaten x, y, z und Rotationswinkeln a, b, c.

Die Syntax der Datenpakete wird an den weit verbreiteten XML-Standard angelehnt [MLLE04]. Das Ergebnis des verwendeten Formats zum Senden von Datenpaketen zeigt Bild 5.4.

```
<?xml version="1.0"?>
<DATASTREAM SIZE="1">
  <KIN ID="1" TYPE="TCP" d1="-1188" d2="1396" d3="1116" d4="20" d5="-45" d6="-172" d7="0"/>
</DATASTREAM>
```

Bild 5.4: Datenformat für den Datenaustausch

5.2.3 Bussysteme und Übertragungsprotokolle

Die Daten in dem zuvor beschriebenen Datenformat müssen über Bussysteme entlang der Signalkette übertragen werden. Für die Beschreibung des Datenaustauschs hat sich in der Automatisierungstechnik die sog. Automatisierungspyramide als Darstellungsform etabliert [SCHI14]. Zwischen einer übergeordneten Planungsebene und einer prozessnahen Feldebene zur Kommunikation mit Aktorik und Sensorik existieren Leit- und Zellenebene, auf denen Programme und übergeordnete Daten bereitgestellt werden. Eine Steuerungsebene dient als Benutzerschnittstelle für den Betrieb der Anlage [WECK06]. Während die Datenübertragung zwischen Planungs- und Steuerungsebene üblicherweise über Ethernet erfolgt, werden auf der Aktor-Sensor-Ebene Feldbussysteme eingesetzt (Bild 5.5) [WECK06].

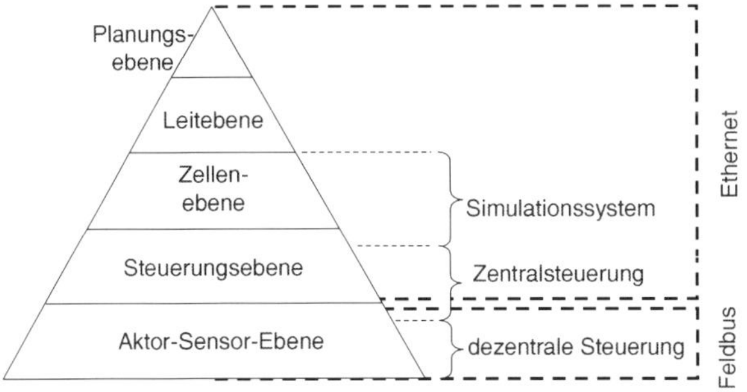

Bild 5.5: Einordnung der Datenübertragung in die Automatisierungspyramide (in Anlehnung an [WECK06])

Die Steuerungskomponente „Simulationssystem“ dient zur Bahnplanung und Programmierung von Handhabungsaufgaben und kann somit der Zellenebene mit einer Überschneidung zur Steuerungsebene zugeordnet werden, welche überwiegend von der zentralen Koordinationseinheit abgedeckt wird. Die Datenübertragung zwischen diesen beiden Komponenten erfolgt über Ethernet, da dies für einen PC, auf dem die Simulation ausgeführt wird, die Standard-Schnittstelle ist, um auch größere Datenmengen auszutauschen. Als Übertragungsprotokoll wird TCP/IP[4] gewählt, das z.B. gegenüber dem verbindungslosen UDP[4] eine zuverlässige Verbindung zwischen Clients und Servern anbietet. Dadurch ist garantiert, dass die Datenpakete vollständig gesendet und empfangen werden [HUNT98].

Die zentrale Koordinationseinheit bildet die Schnittstelle zu der Aktor-Sensor-Ebene, der die dezentralen Handhabungseinheiten zugeordnet werden, da diese die Bewegung mit ihrer Aktorik ausführen. Für diese echtzeitfähigen Kommunikationsaufgaben werden Feldbusse verwendet, von denen „zahlreiche herstellerspezifische“ und „mehrere herstellerunabhängige“ Systeme existieren [WECK06, S. 139]. Für die Verbindung zwischen der Zentralsteuerung und den dezentralen Handhabungsmodulen steht somit eine große Auswahl an echtzeitfähigen Bussystemen zu Verfügung, aus der für jeden Anwendungsfall optimal ausgewählt werden kann [EIKM11].

5.3 Validierung der Anlagensteuerung

Für die Validierung des Steuerungskonzeptes wird ein rekonfigurierbares Handhabungssystem entwickelt (Kapitel 5.3.1) und die erarbeitete Steuerungsarchitektur implementiert (Kapitel 5.3.2). Die benötigten Hardware- und Software-Komponenten werden ausgewählt und zu einem integrierten Steuerungssystem kombiniert. Das Ziel der Validierung ist es, den erzielbaren Interpolationstakt festzustellen, somit die Funktionsfähigkeit des Steuerungssystems prinzipiell nachzuweisen und ggf. auftretende Schwachstellen aufzuzeigen. Das für die Validierung gewählte Handhabungsszenario sowie die erzielten Ergebnisse und Erkenntnisse werden abschließend vorgestellt.

5.3.1 Entwicklung eines rekonfigurierbaren Handhabungssystems

Die in Kapitel 2.1.1 vorgestellten Vorgehensweisen und Prinzipien zur Gestaltung von modularen Systemen werden bei der Entwicklung von modularen, rekonfigurierbaren Handhabungseinheiten angewendet [MÜLL09; MÜLL10a; MÜLL10b]. Im Folgenden wird beschrieben, welche Aspekte bei der Auslegung der Mechanik, Elektronik und Informationstechnik berücksichtigt worden sind, und die realisierte Lösung wird vorgestellt.

Entwicklung einer rekonfigurierbaren Handhabungseinheit

Die Mechanik der entwickelten rekonfigurierbaren Handhabungseinheit ist an ein Patent des Instituts für Getriebetechnik und Maschinendynamik (IGM) der RWTH Aachen angelehnt [CORV07]. Das Handhabungskonzept PARAGRIP beruht darauf,

---

[4] TCP/IP ("Transmission Control Protocol/ Internet Protocol") und UDP ("User Datagram Protocol") sind Netzwerkprotokolle

dass ein Bauteil von mehreren Handhabungseinheiten gegriffen und bewegt wird [MANN13].

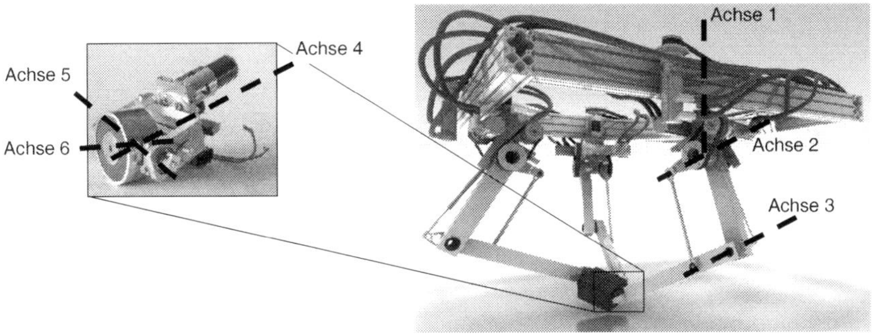

Bild 5.6: PARAGRIP-Konzept als Grundlage einer rekonfigurierbaren Handhabungseinheit (in Anlehnung an [RIED10a; RIED10b])

Auch wenn für eine Bauteilbewegung mit sechs räumlichen Freiheitsgraden insgesamt sechs Bewegungsachsen je Handhabungseinheit erforderlich sind, müssen in diesem kooperierenden Verbund nicht alle sechs Achsen aktiv angetrieben werden, sondern können auch als passive Gelenke ausgeführt sein [BICC00]. Bei einer kooperierenden Handhabungsbewegung werden über das Bauteil die kinematischen Ketten zwischen dem Bauteil und den Handhabungseinheiten geschlossen, so dass die passiven Achsen ohne eigenen Antrieb mitgeführt werden können. Somit sind lediglich drei aktiv angetriebene Achsen für jede dieser Handhabungseinheiten erforderlich, damit diese sich im Raum bewegen und einen Greifpunkt am Bauteil erreichen kann (Achse 1-3, Bild 5.6). Die Ausrichtung des Greifers am Bauteil erfolgt über eine weitere aktive Achse (Achse 4), mit der die verbleibenden zwei passiven Handachsen (Achse 5 und 6) vorpositioniert werden können, damit diese sich an die Oberfläche des Bauteils anpassen können. Über eine kreisförmige Zustellbewegung des Greifers an das Bauteil kann der Greifpunkt trotz der passiven Achsen mit hoher Genauigkeit erreicht werden (Bild 5.7) [MANN13].

Bild 5.7: Kreisförmige Greifbewegung mit passiven Handgelenkachsen [MANN13]

Das PARAGRIP-Konzept stellt durch das reduzierte Antriebskonzept und die damit verbundene einfache Konstruktion die Grundlage für eine rekonfigurierbare Handhabungseinheit dar und wird daher speziell für die Handhabung von Großbauteilen im kooperierenden Verbund weiterentwickelt. Da ein Großbauteil an mehreren Greifpunkten unterstützt werden muss, ist eine große Anzahl an Handhabungseinheiten erforderlich. Durch die einfache Konstruktion können diese kostengünstig gebaut werden und somit (bei entsprechender Anzahl) eine wirtschaftliche Alternative im

Vergleich zu Industrierobotern sein. Die kinematische Struktur der realisierten Einheit entspricht der eines konventionellen Industrieroboters mit geschlossener kinematischer Teilkette zwischen der zweiten und dritten Achse (Bild 5.8).

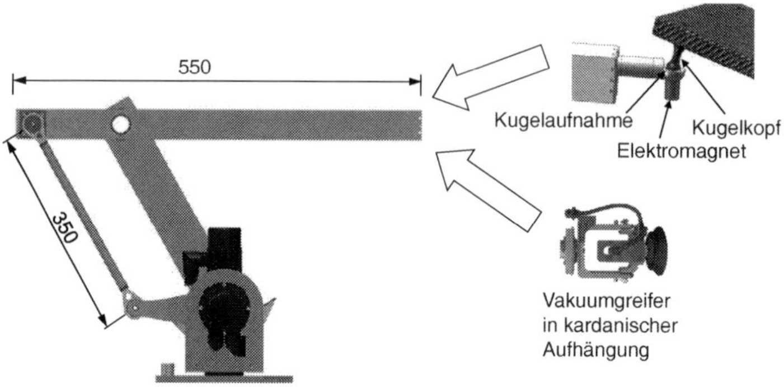

Bild 5.8: Realisierte rekonfigurierbare Handhabungseinheit

Die Auslegung der Mechanik erfolgt baukastenorientiert, d.h. ohne einen konkreten Anwendungsfall einer Handhabungsaufgabe. Dies ist sinnvoll, da die mechanische Auslegung nicht für eine bestimmte Aufgabe und einen bestimmen Lastfall durchgeführt werden kann, da die Randbedingungen sich nach einer Rekonfiguration ändern können. Dennoch werden Randbedingungen benötigt, die das zu erwartende Aufgabenspektrum abdecken (und damit auch eingrenzen) und für die mechanische Auslegung herangezogen werden. Die kinematischen Abmessungen werden von der Vorgänger-Konstruktion PARAGRIP weitestgehend übernommen. Die Glieder der Handhabungseinheit bestehen im Wesentlichen aus Aluminium-Profilen mit einem Querschnitt von 50 mm x 70 mm und einer Wandstärke von 2 mm. Für die Auslegung der Antriebe wird ein Handhabungsgewicht von 5 kg je Handhabungseinheit für den statischen Fall angenommen, woraus sich die erforderlichen Drehmomente des Antriebssystems ermitteln lassen. Für den Antrieb der ersten drei aktiven Achsen werden Servomotoren verbaut, um eine hohe Dynamik und Genauigkeit zu ermöglichen. Für die vierte Achse, die lediglich das Handgelenk vorpositioniert, ist ein leistungsschwächerer Schrittmotor ausreichend. Durch dieses reduzierte Antriebskonzept mit insgesamt vier aktiven und zwei passiven Achsen sind die Handhabungseinheiten kostengünstiger als (hinsichtlich des Arbeitsraums und der Traglast) vergleichbare Industrieroboter. Zudem ergibt sich eine leichte mechanische Konstruktion (mit einem Eigengewicht von ca. 20 kg), wodurch eine einfache manuelle Rekonfiguration ohne den Einsatz zusätzlicher Hebewerkzeuge (Krane o.ä.) möglich ist.

Für die Aufnahme von Bauteilen werden zwei Greiferarten realisiert (Bild 5.8, rechts). Eine einfache technische Lösung ist die Konstruktion einer Kugelaufnahme, die zusammen mit einer am Greifpunkt des Bauteils angebrachten Kugel ein Gelenk mit drei Freiheitsgraden ergibt. Durch dieses Kugelgelenk ist die Position der Kugel in der Kugelaufnahme vorgegeben, während Rotationen um drei Raumachsen möglich sind. Damit sich bei einer ungünstigen Gleichgewichtslage das Bauteil nicht aus dem

Greifer hebt, wird die Kugel von einem Elektromagneten in der Pfanne gehalten. Der Nachteil dieser einfachen Bauteilaufnahme liegt darin, dass das Bauteil für die Handhabung an jedem Greifpunkt mit einem Kugelkopf präpariert werden muss. Um diesen Nachteil zu umgehen, ist als zweite Lösung ein Roboterhandgelenk mit Vakuumgreifer konstruiert worden, so dass ein flexibleres Greifen unterschiedlicher Bauteile möglich ist, ohne dessen Greifpunkte vorbereiten zu müssen. Durch die Anordnung der Vakuumschläuche wird der Verfahrbereich der Achsen jedoch eingeschränkt, so dass bereits eine optimierte Konstruktion des Vakuumgreifers entwickelt wird [KRTE14].

Die weiterentwickelte rekonfigurierbare Handhabungseinheit unterscheidet sich vom Ausgangskonzept PARAGRIP im Wesentlichen darin, dass jede Handhabungseinheit als mechatronisches Modul ausgeführt wird, bei der neben der Mechanik auch die Bereiche der Elektronik und Informationstechnik eindeutig einem Modul zugeordnet werden können. In der ersten Realisierung des PARAGRIP-Konzeptes mit vier Handhabungseinheiten (und daraus resultierend insgesamt zwölf angetriebenen Servomotoren) erfolgt die Ansteuerung aus einer speicherprogrammierbaren Steuerung heraus, in der das gesamte Handhabungssystem als Zwölf-Achs-Maschine konfiguriert wird. Eine Rekonfiguration im Sinne einer veränderlichen Anzahl an Handhabungseinheiten ist somit nicht möglich (stand aber auch nicht im Fokus des PARAGRIP-Konzeptes). In der überarbeiteten Version wird hingegen jede Handhabungseinheit mit einem eigenen Steuerungssystem ausgestattet, das zudem noch in jeweils einem eigenen Schaltschrank untergebracht ist. Dem Vorteil der mechatronischen Modularität steht damit aber der Nachteil des größeren Verkabelungsaufwandes, Platzbedarfs und Schnittstellenaufwandes entgegen. Zudem ist die Rechner-Auslastung jeder Steuerungseinheit sehr gering, da diese beispielsweise nur drei statt der bis zu 256 theoretisch möglichen Achsen steuern muss [BECK13].

Aus wirtschaftlicher Sicht wäre es daher günstiger, die gesamte Steuerungshardware in einem gemeinsamen Schaltschrank anzuordnen, die dezentralen Steuerungsaufgaben auf eine Zentralsteuerung zu übertragen und die Modularität allenfalls in Form von Softwaremodulen zu realisieren. In diesen Punkten werden die Nachteile der modularen Gestaltung offensichtlich, jedoch werden diese in dem betrachteten Anwendungsfall zu Gunsten der Rekonfigurierbarkeit akzeptiert und die Idee der mechatronischen Modularisierung in dem Handhabungssystem umgesetzt.

Konfiguration des Handhabungssystems

Durch die Weiterentwicklung des PARAGRIP-Konzeptes ist es gelungen, eine mechatronisch modulare Handhabungseinheit zu gestalten. Für die weiteren Untersuchungen werden vier dieser Handhabungseinheiten zu einem rekonfigurierbaren Handhabungssystem zusammengestellt. Diese vier Handhabungseinheiten bilden die dezentralen Handhabungseinheiten des Steuerungssystems. Sie werden auf einer Aluminium-Plattform angeordnet, die mit einem Bohrmuster versehen ist, so dass die Positionen der Handhabungseinheiten in einem Raster von 20 cm angepasst werden können (Bild 5.9). Die Handhabungseinheiten sind mit Kugelaufnahmen zur Bauteilaufnahme ausgestattet. An dem Schalenbauteil sind entsprechend Zapfen mit Kugelkopf angebracht, so dass Bauteilaufnahme und Bauteil nach dem Greifen ein Kugelgelenk bilden.

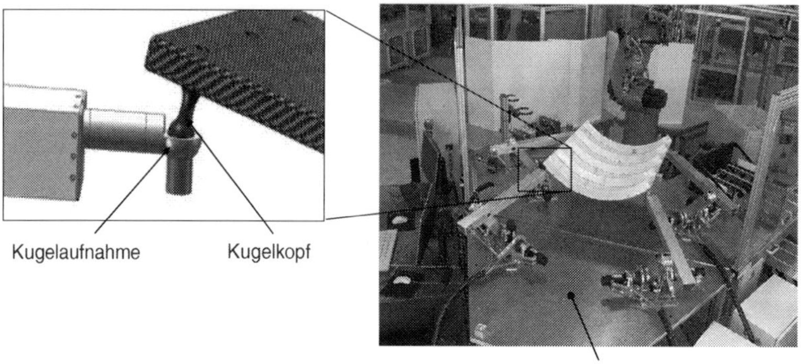

Bild 5.9: Rekonfigurierbares Handhabungssystem mit vier Handhabungseinheiten

Dieser Aufbau erlaubt auf Grund seiner einfachen Mechanik lediglich eine Rekonfiguration auf Systemebene, nicht aber auf Maschinenebene (vgl. Kapitel 2.1.2). Da der Fokus der Arbeiten jedoch auf der Steuerungsentwicklung liegt und die relevanten Steuerungskomponenten eine Rekonfiguration sowohl auf Maschinen- als auch auf Systemebene ermöglichen, können diese mechanischen Einschränkungen für die weiteren Untersuchungen akzeptiert werden. Die Implementierung und steuerungstechnische Verknüpfung mit den einzelnen Steuerungskomponenten wird im Folgenden vorgestellt.

5.3.2 Implementierung

Der Fokus der Validierung liegt auf der Datenübertragung zwischen dem Simulationssystem und der zentralen Koordinationseinheit, da dieser Übergang von einem PC mit Windows-Betriebssystem in die SPS mit Echtzeitumgebung als besonders kritisch angesehen wird. Die weitere Datenübertragung zwischen zentraler Koordinationseinheit und dezentralen Handhabungseinheiten, die jeweils über SPS realisiert werden, kann hingegen über echtzeitfähige Bussysteme erfolgen, für die herstellerseitig eine zuverlässige Datenübertragung sichergestellt wird. Die Eingrenzung des Untersuchungssystems innerhalb der Steuerungsarchitektur zeigt Bild 5.10.

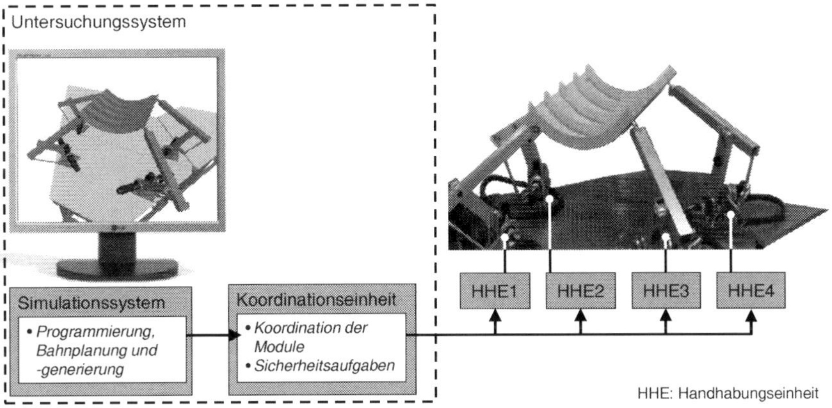

Bild 5.10: Untersuchungssystem zur Validierung des Steuerungskonzeptes

Simulationssystem

Basierend auf den in Kapitel 5.1.1 genannten Anforderungen wird ein Simulationssystem für die Validierung ausgewählt. Von den in Kapitel 3.3.2 vorgestellten Simulationssystemen wird die Auswahl zunächst auf Basis einer Recherche auf die Systeme CIROS Studio und EASY-ROB weiter eingeschränkt [CIRO13; EASY13]. Diese werden im Hinblick auf diese Steuerungsaufgabe näher untersucht und bewertet.

In Tabelle 4 sind die Beurteilungskriterien und Bewertungen zusammengefasst. Während der CAD-Import in beiden Systemen z.B. über die standardisierten STL- und VRML-Formate gleichermaßen möglich ist, fällt die Darstellung und Berechnung (parallel-)kinematischer Ketten in EASY-ROB deutlich leichter.

Tabelle 4: Beurteilungskriterien und Bewertung unterschiedlicher Simulationssysteme

Kriterium	CIROS Studio	EASY-ROB
Modellierung von Sonderkinematiken		
CAD-Import über standardisierte Datenformate	✓	✓
Darstellung (parallel-)kinematischer Ketten		✓
Vorhandene, kinematische Transformationsberechnungen		✓
Integration eigener Berechnungen		✓
Softwareschnittstelle zum Datenexport		✓
Bahnplanung von kooperierenden Bewegungen über das Bauteil		✓
Software-Ergonomie	✓	

Legende: ✓ Anforderung voll erfüllt

Eine Softwareschnittstelle wird benötigt, um die in Kapitel 5.2.2 beschriebenen Daten in dem gewählten Datenformat übertragen zu können. Als Softwareschnittstelle wird in CIROS Studio die in der Automatisierungstechnik weit verbreitete OPC-Schnittstelle[5] verwendet [BERN11], die als Server oder Client auch einen Datenaustausch mit externen Geräten ermöglicht. Im Gegensatz dazu wird in EASY-ROB über die Option „API-User DLL" ein Application Programming Interface (API) verwendet, mit dem auf zahlreiche interne Funktionen zugegriffen und Daten lesend und schreibend verarbeitet werden können. Auf Grund dieser Offenheit der Datenschnittstelle wird EASY-ROB bei diesem Kriterium besser bewertet als CIROS Studio. Die Bahnplanung von kooperierenden Bewegungen kann in beiden Systemen modelliert werden, indem einem Bauteil eine Bewegungsbahn vorgegeben wird und angreifende Roboter/ Handhabungseinheiten diesem Bauteil folgen. Auf diese Weise entsteht der Eindruck, dass das Bauteil in einer kooperierenden Bewegung von den Handhabungseinheiten geführt wird. In CIROS Studio erfolgt dies, indem das Bauteil über einen virtuellen, unsichtbaren Roboter gesteuert wird, wodurch jedoch die Bauteilbewegung entsprechend der Roboterbewegung eingeschränkt wird (hinsichtlich Arbeitsraum oder achsabhängige Geschwindigkeits- und Beschleunigungsgrößen). In EASY-ROB lässt sich das kinematische Verhalten des Bauteils hingegen frei modellieren, was zu einer besseren Bewertung in diesem Kriterium führt.

Lediglich beim Kriterium der Bedienbarkeit (Software-Ergonomie) wird EASY-ROB schlechter als CIROS Studio bewertet, da die Bedienung weniger intuitiv ist und durch eine intensive Einarbeitung kompensiert werden muss. Insgesamt werden in fast allen Kriterien Vorteile beim Simulationssystem EASY-ROB gesehen, weshalb dieses für die weitere Steuerungsentwicklung ausgewählt und für die Implementierung verwendet wird (in der Version V5.604). Bei der Validierung wird EASY-ROB auf einem Lenovo T400 mit Intel Core™ 2 Duo-Prozessor (2,53 GHz) und 6 GB RAM unter Windows7 (64 Bit) ausgeführt.

Zur Programmierung einer Handhabungsaufgabe werden in einer virtuellen Zelle die Handhabungseinheiten, das Bauteil sowie ggf. Peripherie (z.B. Werkzeuge, Vorrichtungen) modelliert und damit ein virtuelles Abbild eines realen Handhabungsszenarios erzeugt. Das Bauteil wird als Kinematik mit drei translatorischen und drei rotatorischen Achsen modelliert, an dessen TCP das Bauteil geführt wird. Somit ist es möglich, dem Bauteil als „Master" eine Bewegungsbahn vorzugeben und alle Handhabungseinheiten als „Slaves" folgen zu lassen. Eine Handhabungsaufgabe mit kooperierenden Einheiten wird dann programmiert, indem zunächst jede Handhabungseinheit eigenständig eine Bewegungsbahn zum jeweiligen Greifpunkt ausführt. Sobald alle Einheiten ihren Greifpunkt erreicht haben, wird eine Bewegung des Bauteils vorgegeben, und die Handhabungsgeräte folgen ihrem Greifpunkt.

[5] OPC steht für „Object Linking and Embedding (OLE) for Process Control"

Um das Simulationssystem EASY-ROB in eine größere Steuerungsarchitektur integrieren zu können und die erzeugten Bewegungsbahnen für den Betrieb eines realen Handhabungssystems nutzen zu können, wird über die EASY-ROB-Option „API-User DLL“ eine TCP/IP-Schnittstelle implementiert, mit der Daten zwischen dem Simulationssystem und anderen Rechnern und Anwendungen ausgetauscht werden können. Der Datenexport aus EASY-ROB kann über sog. „exported functions“ auf zwei Arten eingeleitet werden. „Taktgeber“ für den Aufruf der Export-Funktion können z.B. der innerhalb der EASY-ROB-Software laufende Interpolationstakt („IpoStep“) oder der Simulationstakt („SimStep“) sein. Der „IpoStep“ wird immer dann aufgerufen, wenn ein Roboter eine Bahn interpoliert. Dies können sowohl die Handhabungseinheiten als auch das Bauteil (als virtueller Roboter) sein. Wenn sich mehrere Handhabungseinheiten bzw. Roboter gleichzeitig bewegen, z.B. beim Anfahren des Greifpunktes, wird die „IpoStep“-Funktion von jedem Roboter einzeln aufgerufen. Beim kooperierenden Bauteilhandling hingegen wird die Funktion nur vom dann interpolierenden Bauteil aufgerufen, da die Handhabungseinheiten keine eigene Bahn generieren sondern lediglich ihrem jeweiligen Greifpunkt folgen. Für einen gleichmäßigen Datenexport müssen diese unterschiedlichen Betriebsmodi (Einzelbewegung bzw. kooperierende Bewegung) berücksichtigt werden, was die Implementierung aufwändig macht und die Anwendbarkeit in unterschiedlichen Szenarien mit einer unterschiedlichen Anzahl an Robotern u.ä. einschränkt.

Im Gegensatz dazu wird der Simulationstakt „SimStep“ nicht von jedem Roboter, sondern für die gesamte Zelle aufgerufen, sobald die Visualisierung aktualisiert wird. Dies hat den Vorteil, dass die Bewegungsdaten für alle Roboter gleichzeitig, d.h. zeitsynchron, ausgelesen und exportiert werden können. Nachteilig ist jedoch, dass der Datenexport direkt an die Visualisierung gekoppelt ist und z.B. ein „Ruckeln“ sich direkt auf den Takt der exportierten Daten auswirkt. Trotz dieses Nachteils wird der „SimStep“ als Taktgeber zum Datenexport gewählt, da unabhängig vom Betriebsmodus ein synchroner Datenexport sichergestellt ist und somit im verwendeten Datenformat auf einen Zeitstempel verzichtet werden kann. Der beschriebene Effekt des „Ruckelns“ bestätigt die bestehende Annahme, dass von dem Simulationssystem kein gleichmäßiger Interpolationstakt, geschweige denn Echtzeitbedingungen erwartet werden können. Diese und ggf. weitere auftretende Unregelmäßigkeiten in den Bewegungsdaten müssen daher durch die nachgelagerten Steuerungskomponenten kompensiert werden, z.B. durch Filterfunktionen oder Feininterpolationen.

Zentrale Koordinationseinheit der Firma B&R

Von dem Simulationssystem EASY-ROB werden die Daten an eine Zentralsteuerung übertragen. Die zuvor genannten Anforderungen an die Zentralsteuerung können von praktisch allen am Markt verfügbaren Steuerungen erfüllt werden, so dass ein umfangreicher Vergleich, wie er zuvor für ein Simulationssystem durchgeführt wurde, nicht erforderlich ist. Zur Validierung des Steuerungskonzeptes wird als Zentralsteuerung ein sog. Automation-PC (Modell „5PC810.SX01-00“) mit Core™ 2 Duo Prozessoren und 512 kB SRAM von der Firma Bernecker + Rainer Industrie Elektronik Ges.m.b.H. (B&R) ausgewählt.

Auf der zentralen Koordinationseinheit laufen verschiedene Aufgaben parallel ab. Zum einen wird durch die Zentralsteuerung ein TCP/IP-Server bereitgestellt, mit dem sich EASY-ROB verbinden und Daten austauschen kann. Zum anderen werden die empfangenen Datenpakete ausgewertet und entsprechend des Identifikationsparameters den dezentralen Handhabungseinheiten zugewiesen. Dazu stellt die Zentralsteuerung einen weiteren Server bereit, der die Datenübertragung über das B&R-eigene, Ethernet-basierte POWERLINK-Bussystem zu den dezentralen Steuerungen übernimmt. Diese Aufgaben werden von dem Automation-PC mit der minimal möglichen Zykluszeit von 2 ms wiederholend ausgeführt, so dass sich hieraus bereits eine untere Grenze ergibt, die der zu ermittelnde Interpolationstakt für die Bewegungsvorgabe mindestens erreichen kann bzw. mit welcher Auflösung der Interpolationstakt ermittelt werden kann.

Dezentrale Steuerung der Firma B&R

Auch wenn die dezentralen Steuerungen nicht Teil des Untersuchungssystems sind, werden die im Steuerungssystem vorhandenen Hardware-Komponenten vorgestellt, um die Untersuchungen in Folgearbeiten einfacher auf das Gesamtsystem ausweiten zu können. Um Schnittstellenaufwände zu minimieren und Kompatibilitätsprobleme mit der zentralen Koordinationseinheit zu vermeiden, werden für die dezentralen Handhabungseinheiten ebenfalls Steuerungen der Firma B&R verwendet. Dazu wird je Handhabungseinheit eine X20-Steuerung (Modell „X20CP1483-1") mit einer Intel x86 100MHz CPU, 64 MB DRAM und 128 kB SRAM sowie mit jeweils drei Servoverstärkern vom Typ ACOPOS sowie Synchronmotoren vom Typ 8JS ausgewählt.

5.3.3 Validierungsszenario

Die Aufgabe in dem Validierungsszenario besteht darin, ein Bauteil mit vier Handhabungseinheiten kooperierend in sechs Freiheitsgraden zu bewegen. Als Bauteil dient eine schalenförmige Holzkonstruktion mit Abmessungen von ca. 700mm x 700mm und einer Stärke von 5mm. Das Bauteil wird als steif angenommen, so dass evtl. auftretende Verformungen nicht berücksichtigt werden. Die Handhabungseinheiten können dadurch rein positionsgesteuert (d.h. ohne Berücksichtigung ggf. auftretender Kräfte) auf Basis von Bewegungsdaten aus dem Simulationssystem betrieben werden.

Nach dem mechanischen Aufbau wird das Handhabungssystem mittels eines Lasertrackers eingemessen, um die beim Aufbau auftretenden Toleranzen zu ermitteln und in die Simulation zu übertragen, so dass Simulation und Realität weitestgehend übereinstimmen[6]. Zur Aufnahme des Bauteils werden die Handhabungseinheiten in eine Aufnahmeposition gefahren und das Bauteil manuell auf die Kugelaufnahmen der Handhabungseinheiten aufgelegt. Die Validierung gilt als erfolgreich, wenn es gelingt, die in der Simulation vorgegebene Bauteilbewegung auszuführen. Entscheidend dafür ist eine synchrone, stetige Bewegung aller Handhabungseinheiten. Als messbare Größe wird der Interpolationstakt untersucht, d.h. der Zeitabstand, in dem kontinuierlich Bewegungsdaten übertragen werden können. Anhand von Monitor-Funktionen in den implementierten Steuerungskomponenten werden der Signalverlauf aufgezeichnet und der Interpolationstakt sowie die Vollständigkeit der Bewegungsdaten ermittelt. Da sich das Steuerungskonzept auch bei der Validierung noch im Entwicklungsstadium befindet, werden identifizierte Schwachstellen unmittelbar als neue Erkenntnisse im weiteren Entwicklungsprozess umgesetzt, um somit ein aussagekräftiges Ergebnis über die Funktionsfähigkeit des Steuerungskonzeptes zu erhalten.

5.3.4 Ergebnisse der Validierung

Die Funktionsfähigkeit des Steuerungskonzeptes wird anhand mehrerer Kriterien validiert, die aufeinander aufbauend untersucht und bewertet werden. Eine Grundvoraussetzung ist, dass Bewegungsdaten vollständig, d.h. ohne Verzögerungen oder Verluste, übertragen werden. Um dies zu überprüfen, werden die von EASY-ROB gesendeten und die von der B&R-Steuerung empfangenen Daten jeweils aufgezeichnet, synchronisiert und anschließend in einem Diagramm zusammengeführt. Bild 5.11 zeigt beispielhaft den zeitlichen Verlauf der y-Koordinate für eine der vier Handhabungseinheiten. In der Vergrößerung ist zu erkennen, dass beide Verläufe eine sehr hohe Überdeckung aufweisen und lediglich geringe Abweichungen auftreten, die auf Rundungsfehler der Variablenwerte und auf asynchrone Systemuhren zwischen dem Simulations-PC und der B&R-Steuerung zurückgeführt werden können. Als Ergebnis dieser Überprüfung kann festgehalten werden, dass die zwischen EASY-ROB und B&R implementierte Datenübertragung via TCP/IP-Ethernet geeignet ist, um Bewegungsdaten vollständig und ohne signifikante Verzögerungen zu übertragen.

Nachdem die Vollständigkeit der übertragenen Daten festgestellt worden ist, wird die Qualität der Bewegungsbahnen näher untersucht. In Bild 5.11 fällt ein treppenförmiger Kurvenverlauf insbesondere im Bereich zwischen ca. 9 und 18 Sekunden auf. Diese Sprünge machen sich bei der realen Bewegungsausführung durch ein Vibrieren bzw. Rattern bemerkbar und müssen genauer identifiziert und eliminiert werden.

[6] Im Validierungsszenario werden lediglich die Basis-Koordinatensysteme (Fußpunkte), der Handhabungseinheiten ermittelt. Eine Identifikation der kinematische Parameter ist nicht erfolgt.

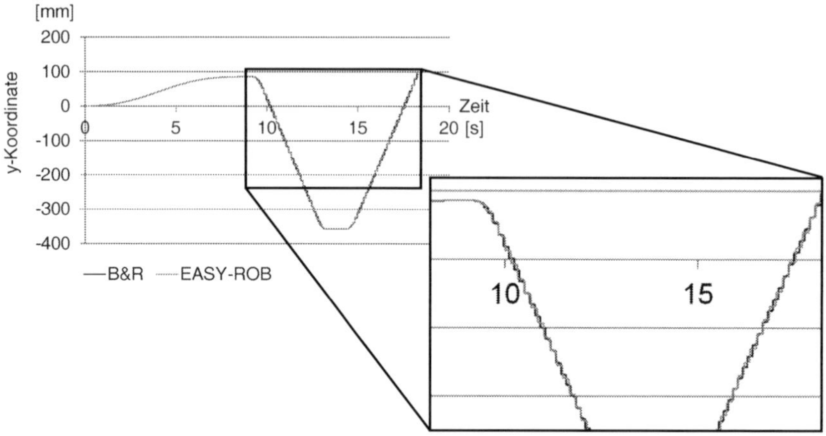

Bild 5.11: Überprüfung der Datenvollständigkeit

Ein Abgleich des Prozessverlaufs mit dem Kurvenverlauf ergibt, dass ungefähr nach neun Sekunden der Betriebsmodus von einer Einzelbewegungen der Handhabungseinheiten in eine kooperierende Bewegung wechselt. Dieser Einfluss der Betriebsmodi auf den Interpolationstakt wird aus Bild 5.12 deutlich, das den Kurvenverlauf der von der B&R-Steuerung empfangenen Daten zeigt.

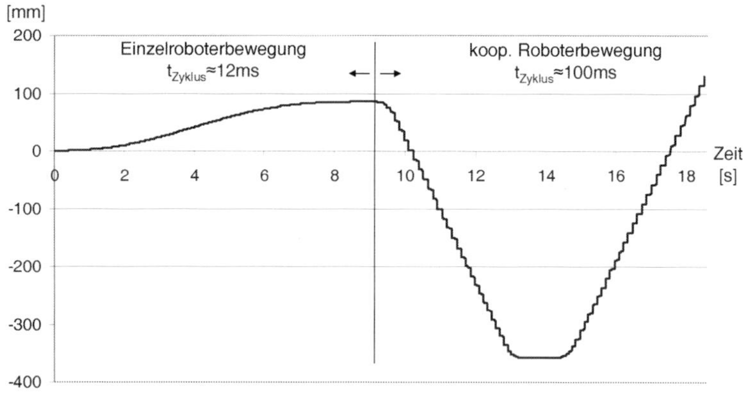

Bild 5.12: Einfluss der Betriebsmodi auf den Interpolationstakt

Die Ursache für den treppenförmigen Kurvenverlauf liegt in der Programmierung der kooperierenden Bewegungen. EASY-ROB bietet mit dem „JUMP_TO"-Befehl die Möglichkeit, diese kooperierende Bewegung mit geringem Programmieraufwand umzusetzen. Jede Handhabungseinheit bekommt dabei die Anweisung, im Interpolationstakt zu ihrem Greifpunkt am Bauteil zu „springen". Für die Verarbeitung des „JUMP_TO"-Befehls werden deutlich größere Rechenkapazitäten als für eine Einzelbewegung der Handhabungseinheiten benötigt, wodurch sich offensichtlich der Interpolationstakt signifikant auf ein nicht zu akzeptierendes Maß vergrößert.

Um dennoch eine sanfte, fließende Bewegung im kooperierenden Betrieb zu erzielen, wird der „JUMP_TO“-Befehl substituiert, indem die zugrunde liegenden kinematischen Transformationen in einer eigenen, recheneffizienteren Funktion innerhalb der „API-User DLL“, die auch zum Export der Bewegungsdaten verwendet wird, implementiert wird. Aufgabe dieser Funktion ist es, auf Basis der Pose (d.h. Position und Orientierung) eines Greifpunktes die Achswinkel für die Gelenke der Handhabungseinheiten auszurechnen, um die Handhabungseinheit dem bewegenden Greifpunkt nachzuführen. Dazu werden die kinematischen Ketten aufgestellt, die die Greifpunkt-Pose in sechs Freiheitsgraden im Raum beschreiben (Bild 5.13).

Die Greifpunkt-Pose kann zum einen in einer kinematischen Kette über das Bauteil beschrieben werden. In einem Welt-Koordinatensystems O_{Welt} wird die Basis des Bauteils $O_{Bauteilbasis}$ (als virtueller Roboter) beschrieben. Das Bauteil bzw. dessen geometrischer Körper wird von dieser unsichtbaren Kinematik geführt, so dass darüber die Pose des Bauteils $O_{Bauteil}$ variiert werden kann. Über eine weitere kinematische Transformation von $O_{Bauteil}$ nach O_{GP} ergibt sich die Pose des Greifpunkts (GP) bezogen auf das Welt-Koordinatensystem.

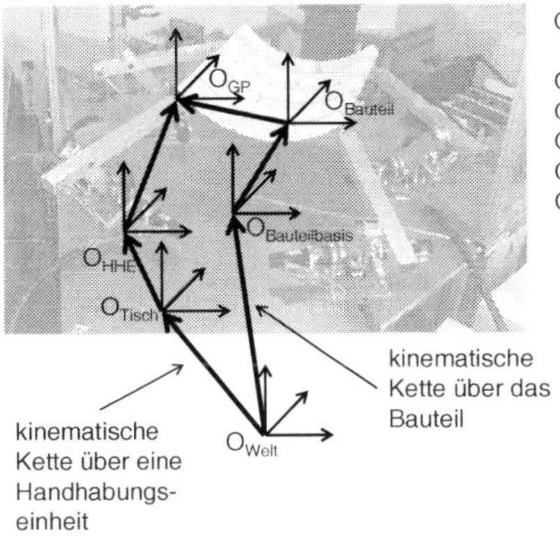

O_{Welt}:	Ursprung („Origin“) des Welt-Koordinatensystems
O_{Tisch}:	Basis des Tisch-Koordinatensystems
O_{HHE}:	Basis der Handhabungseinheit (HHE)
O_{GP}:	Pose des Greifpunkts
$O_{Bauteilbasis}$:	Basis des Bauteils (virtueller Roboter)
$O_{Bauteil}$:	Pose des Bauteils

Bild 5.13: Kinematische Ketten zur Beschreibung der Greifpunkt-Pose

Zum anderen kann eine kinematische Kette über die Handhabungseinheiten aufgestellt werden. Wenn die Handhabungseinheiten das Bauteil gegriffen haben, entspricht die Pose des TCP der Handhabungseinheit gleich der Pose des Greifpunkts am Bauteil. Über einen Tisch, auf dem die Handhabungseinheiten im Validierungsszenario platziert sind, kann der Bezug des Greifpunkts zum Welt-Koordinatensystem hergestellt werden. Die beiden beschriebenen kinematischen Ketten, die über das Bauteil bzw. über die Handhabungseinheit aufgestellt werden, bilden ein geschlossenes Gleichungssystem (Schreibweise in Anlehnung an [CRAI05])

$$ {}^{Welt}_{GP}T = \left({}^{Welt}_{Tisch}T\right)\cdot\left({}^{Tisch}_{HHE}T\right)\cdot\left({}^{HHE}_{GP}T\right) = \left({}^{Welt}_{Bauteilbasis}T\right)\cdot\left({}^{Bauteilbasis}_{BauteilTCP}T\right)\cdot\left({}^{BauteilTCP}_{GP}T\right). \qquad (12) $$

Somit können die gesuchte Transformation von der Basis der Handhabungseinheit zum Greifpunkt ${}^{HHE}_{GP}T$ ermittelt und die zugehörigen Achswinkel der Handhabungseinheit über eine kinematische Rückwärtstransformation berechnet werden [CRAI05]. Auf diese Weise kann die Bewegung der Handhabungseinheit der Bewegung des Greifpunktes nachgeführt werden, ohne den rechenintensiven „JUMP_TO"-Befehl verwenden zu müssen.

Das Ergebnis dieser Implementierung zeigt Bild 5.14. Im Vergleich mit Bild 5.12 ist deutlich zu erkennen, dass durch die beschriebenen Berechnungen ein gleichmäßiger Interpolationstakt über den gesamt Bewegungsverlauf erreicht und somit eine vibrationsfreie Bewegung im kooperierenden Betrieb erzielt werden kann.

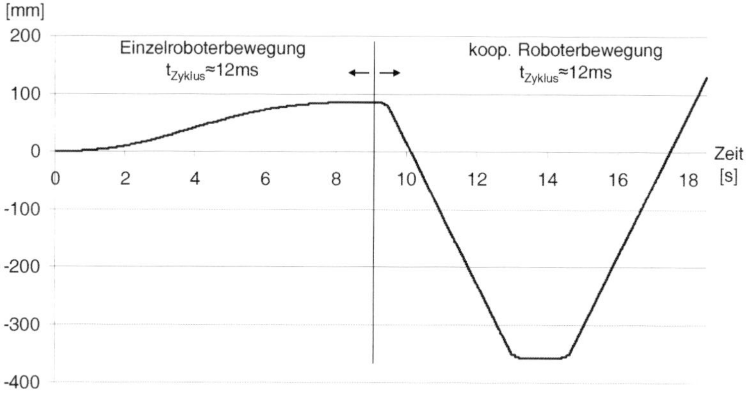

Bild 5.14: Optimierte kooperierende Bewegung

Auf Basis dieser Weiterentwicklungen kann abschließend ermittelt werden, welcher Interpolationstakt bei der Datenübertragung durchgängig erreicht werden kann. Da für die Funktionsfähigkeit des Steuerungskonzeptes einzig der Interpolationstakt zum Empfangen (und nicht zum Senden) der Daten relevant ist, konzentriert sich die Ermittlung des erreichbaren Interpolationstakts auf die Auswertung der von B&R empfangenen Daten. Dazu werden die innerhalb der B&R-Steuerung zur Verfügung stehenden Analysewerkzeuge verwendet. Bild 5.15 zeigt einen repräsentativen Ausschnitt eines Kurvenverlaufs in hoher Auflösung, so dass steigende Flanken beim Empfang eines Datensatzes und ein konstanter Wert bis zum Eingang des nächsten Datensatzes deutlich als Stufen zu erkennen sind.

Auffällig sind sowohl eine unregelmäßige Breite als auch eine ungleichmäßige Höhe der Stufen. Für den Interpolationstakt, der sich unmittelbar in der Stufenbreite widerspiegelt, muss somit festgestellt werden, dass dieser keinen konstanten Wert einnimmt, sondern lediglich als Durchschnittswert für die gewählte Stichprobe angegeben werden kann. In einem Zeitintervall von ca. 2,029 s bis 2,198 s werden insgesamt 16 Datenpakete empfangen. Daraus lässt sich der durchschnittliche Interpolationstakt t_{cycle} mit

$$t_{cycle} = \frac{2{,}198s - 2{,}029s}{16-1} = \frac{0{,}169s}{15} \approx 0{,}01126\ s = 11{,}26\ ms \tag{13}$$

bei einer Standardabweichung von ca. 1,79 ms für die dargestellte Stichprobe berechnen. Dieser Interpolationstakt konnte in weiteren Untersuchungen bestätigt werden.

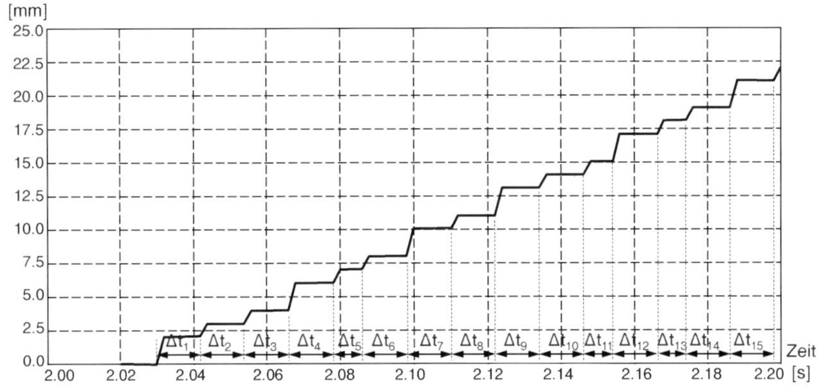

Bild 5.15: Ermittlung des Interpolationstakts zwischen EASY-ROB und B&R

5.4 Beantwortung der Forschungsfrage

Es ist ein übergeordnetes Steuerungssystem entwickelt worden, das eine selbstoptimierende Prozesssteuerung und eine simulationsbasierte Programmierung von rekonfigurierbaren Handhabungssystemen ermöglicht. Der Lösungsansatz besteht darin, die beiden Teilaufgaben in einem Robotersimulationssystem zusammenzuführen und eine schnelle Datenübertragung zwischen der Simulation und der realen Steuerung zu ermöglichen und dieses direkt mit Bewegungsdaten aus dem Simulationssystem zu betreiben. Für eine einfache Rekonfiguration des Handhabungssystems ist eine Steuerungsarchitektur aufgestellt worden, mit der das Simulationssystem und die realen Steuerungen zu einem Gesamtsystem verbunden werden. Es wurde ein Datenmanagementkonzept erarbeitet, mit dem eine einfache Programmierung und schnelle Wiederinbetriebnahme nach einer Rekonfiguration ermöglicht werden.

Darauf aufbauend konnte gezeigt werden, dass die implementierte TCP/IP-Schnittstelle zwischen dem Simulationssystem und der Steuerung des Handhabungssystems geeignet ist, um Bewegungsdaten in einem schnellen Interpolationstakt ohne Verluste zu übertragen. Der erzielte Interpolationstakt liegt mit ca.11 ms im

Bereich der angestrebten Zielgröße. Die prinzipielle Funktionsfähigkeit des Steuerungskonzeptes kann nachgewiesen und die eingangs gestellte Forschungsfrage somit positiv beantwortet werden.

Die Anwendbarkeit ist allerdings mit Einschränkungen verbunden. Der in Kapitel 5.3.4 festgestellte Einfluss des Betriebsmodus' (kooperierender oder Einzelbetrieb) auf den Interpolationstakt kann zwar durch zusätzlichen Implementierungsaufwand behoben werden, allerdings ist die Flexibilität des Steuerungskonzeptes dadurch stark eingeschränkt. Durch die erforderliche feste Zuordnung von einer Handhabungseinheit zu einem Greifpunkt ist beispielsweise ein Umgreifen des Bauteils während einer Handhabungsaufgabe nicht möglich. Dies kann allerdings bei großen Bauteilen und/ oder größeren Handhabungsbewegungen erforderlich sein. Auch die festgestellte Streuung des Interpolationstaktes zeigt, dass von dem Simulationssystem EASY-ROB kein zuverlässiger Interpolationstakt für die Vorgabe von Bahndaten eingehalten werden kann. Daher sind weitere Untersuchungen erforderlich, um für andere Handhabungsszenarien, bei denen auch eine größere Anzahl an Handhabungseinheiten eingesetzt wird, den erreichbaren Interpolationstakt zu bestimmen. Durch den größeren Rechenaufwand könnte sich der erreichbare Interpolationstakt weiter vergrößern und die resultierende Bahngenauigkeit verschlechtern. Eine kooperierende Bauteilhandhabung mit einer großen Anzahl an Handhabungseinheiten ist mit diesem Steuerungskonzept dann ggf. nicht mehr realisierbar. Eine abschließende Bewertung des Steuerungskonzeptes und eine Abschätzung zur industriellen Relevanz wird in Kapitel 6.4 gegeben.

6 Selbstoptimierende Montage mit rekonfigurierbaren Systemen

Die in den Kapiteln 4 und 5 erzielten Ergebnisse zur Prozess- und zur Anlagensteuerung für Handhabungssysteme in der Großbauteilmontage werden in diesem Kapitel zusammengeführt und der Fortschritt gegenüber dem Stand der Technik dargestellt. Die gewählte Forschungsmethodik und Vorgehensweise sowie die damit erreichten Ergebnisse werden kritisch hinterfragt. Mit den aktuellen Erkenntnissen, die während des Forschungsprozesses bis zum Abschluss dieser Arbeit erzielt worden sind, wird die übergeordnete Forschungsfrage nach der Beherrschbarkeit von komplexen, roboterbasierten Montagesystemen beantwortet. Abschließend werden Handlungsempfehlungen für einen Einsatz in der industriellen Praxis gegeben und ein Ausblick auf weitere Forschungs- und Entwicklungsarbeiten aufgezeigt.

6.1 Fortschritt gegenüber dem Stand der Technik

Zu Beginn der Arbeit wird eine teilautomatisierte Steuerung von programmierbaren Vorrichtungen als Stand der Technik in der Großbauteilmontage angesehen. Auf Grund fehlender Modelle, die die Wechselwirkung von Produkt, Prozess und Betriebsmitteln durchgängig beschreiben, ist eine systemseitige Reaktion auf Bauteil- oder Prozessabweichungen und somit eine vollautomatisierte Steuerung des Montageprozesses nicht möglich. In Kapitel 4 der vorliegenden Arbeit werden daher Modelle zur Beschreibung des Bauteilverhaltens unter der Einwirkung äußerer Kräfte und zur Kompensation von Bauteilverformungen aufgestellt. Wesentlicher Bestandteil der Modelle ist die Berücksichtigung der Bauteilsteifigkeit, mit der der Kraftzustand innerhalb des Bauteils abgeschätzt und damit das Einleiten unzulässiger Kräfte bei der Verformungskompensation vermieden werden. Diese Modellierung der Kräfte geht über bisherige Modellierungsansätze, bei denen das Bauteil lediglich anhand seiner Geometrie an diskreten Messpunkten abgebildet wird, hinaus.

Mithilfe der Modelle zur Beschreibung des Bauteilverhaltens und der Verformungskompensation kann die Montageaufgabe durchgängig beschrieben werden, wodurch eine Selbstoptimierung des Systems erst ermöglicht wird. Damit können die Prinzipien der Selbstoptimierung erstmals für die Verformungskompensation von Großbauteilen angewendet und untersucht werden. Nach bisherigem Stand der Technik war es durch die Anwendung einer adaptiven Prozesssteuerung lediglich möglich, situationsabhängig einzelne Steuer- und Regelparameter auf Basis von Realdaten anzupassen [VDI90b]. Durch den Einsatz von Selbstoptimierung ist es künftig möglich, zusätzlich auch den Prozessablauf anzupassen, beispielsweise die Abfolge von Handhabungsbewegungen, was einen erheblichen Fortschritt für die Reaktionsfähigkeit des Montagesystems darstellt und eine höhere Prozesssicherheit unter veränderlichen Produktionsbedingungen verspricht.

Für die Montage von Großbauteilen wird der Einsatz von rekonfigurierbaren Handhabungssystemen diskutiert, um unterschiedliche Bauteile auf einem System bearbeiten und die eingesetzten Ressourcen somit optimal ausnutzen zu können. Eine komfortable Lösung, um diese rekonfigurierbaren Handhabungssysteme effizient zu steuern und zu programmieren, existiert zu Beginn dieser Arbeit nicht. Für die Programmierung und Steuerung der Handhabungssysteme ist die SPS-Programmierung bislang Stand der Technik. Durch das entwickelte Steuerungskonzept ist es nun möglich, auch rekonfigurierbare Handhabungssysteme simulationsbasiert in einer virtuellen 3D-Umgebung zu programmieren und zudem neue Steuerungsfunktionalitäten, wie z.B. eine selbstoptimierende Prozesssteuerung, zu integrieren. Durch einen direkten Datenaustausch zwischen Simulation und Anlagensteuerung ist es dann möglich, die generierten Bewegungsabläufe mit dem realen Handhabungssystem auszuführen. Neben dem automatisierten Betrieb kann das Steuerungskonzept auch für eine manuelle Steuerung der Handhabungseinheiten genutzt werden. Gegenüber dem Stand der Technik wird damit die Programmierung und Steuerung von rekonfigurierbaren Handhabungssystemen erheblich vereinfacht und die Inbetriebnahmezeit deutlich verkürzt.

6.2 Beantwortung der übergeordneten Forschungsfrage

In der Einleitung wird die übergeordnete Forschungsfrage dieser Arbeit gestellt, welche Steuerungsfunktionalitäten erforderlich sind, um die zahlreichen Freiheitsgrade in der Montage schalenförmiger Großbauteile mit einem rekonfigurierbaren, roboterbasierten Montagesystems beherrschen zu können. Als Freiheitsgrade werden zum einen die Verformbarkeit des Großbauteils während des Montageprozesses und zum anderen die Anpassbarkeit von rekonfigurierbaren Handhabungssystemen betrachtet. Die übergeordnete Fragestellung ist daher in die Teilaufgaben der Prozesssteuerung und der Anlagensteuerung gegliedert worden.

Als Anwendungsbeispiel wird in dieser Arbeit die Montage einer Flugzeugschale betrachtet. In dem Validierungsszenario wird die Flugzeugschale von mehreren Handhabungseinheiten gegriffen, und durch einen weiteren Roboter werden Kräfte zur Kompensation von Verformungen aufgebracht. Das Großbauteil und der Prozess der Verformungskompensation werden dazu modelliert und die Handhabungsabläufe in einer Simulation validiert. Durch die Integration des Simulationssystems in das Steuerungssystem des Handhabungssystems ist eine reale Ausführung der zunächst virtuellen Bewegungen möglich. Bild 6.1 fasst nochmals zusammen, wie sich die Teilaufgaben der Prozesssteuerung und der Anlagensteuerung voneinander abgrenzen bzw. wie diese innerhalb dieser Arbeit verknüpft werden.

Auch wenn für die beiden Teilaufgaben mit den in Kapitel 4 und 5 dargestellten Ergebnissen jeweils geeignete Steuerungsfunktionalitäten zur Beherrschung der Freiheitsgrade entwickelt und die Teilforschungsfragen positiv beantwortet werden können, ist eine direkte Schlussfolgerung zur Beantwortung der übergeordnete Fragestellung kritisch und muss mit dem aktuellen Kenntnisstand differenzierter betrachtet werden.

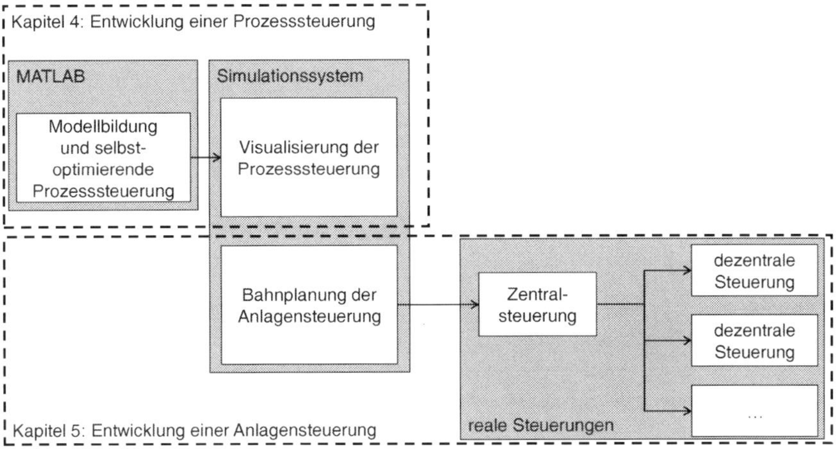

Bild 6.1: Abgrenzung und Verknüpfung von Prozesssteuerung und Anlagensteuerung

Nach Einschätzung des Autors kann die übergeordnete Forschungsfrage mit dem aktuellen Entwicklungsstand nicht endgültig beantwortet werden, da sowohl für die Prozesssteuerung als auch für die Anlagensteuerung lediglich die prinzipielle Funktionsfähigkeit der Konzepte an einfachen Validierungsszenarien nachgewiesen werden konnte. Um eine endgültige und belastbare Beantwortung der Forschungsfrage zu erlauben, sind weitere Forschungsarbeiten erforderlich. Mit den in dieser Arbeit erzielten Ergebnissen und den in Kapitel 6.4 beschriebenen Ansatzpunkten für Verbesserungen müssen erst noch weitere Erkenntnisse gewonnen werden, um zu einer positiven Beantwortung der Forschungsfrage zu gelangen.

6.3 Reflexion der Forschungsmethodik und Vorgehensweise

Die angewendete Forschungsmethodik sowie die damit erreichten Ergebnisse müssen am Ende des Forschungsprozesses kritisch reflektiert werden. Ziel dieses Forschungsprozesses ist es, die identifizierten Defizite in der Großbauteilmontage zu reduzieren. Auf Grund des engen Praxisbezugs ist ein explorativer Forschungsansatz gewählt worden, bei dem durch einen kontinuierlichen Erkenntnisgewinn das Problemverständnis geschärft und durch neues Wissen neue, verwertbare Lösungen entwickelt werden. Die in den empirischen Wissenschaften verbreitete Prüfung von Theorien und Hypothesen ist auch rückblickend für die hier vorliegende Problemstellung aus forschungsmethodischer Sicht keine Alternative, da zu Beginn der Arbeit keine geeigneten Theorien vorgelegen haben und die Konstruktion eigener Theorien und Hypothesen keinen methodischen Mehrwert erbracht hätte. Die für den Forschungsprozess vorgenommene Zerlegung der übergeordneten Forschungsfrage in die Teilaufgaben der Prozesssteuerung und der Anlagensteuerung ist erforderlich, um die Komplexität der Problemstellung zu kapseln und die Lösungsfindung für beide Teilaufgaben zu vereinfachen.

Für die Prozessmodellierung ist ein analytischer Ansatz gewählt worden, um die auftretenden Wechselwirkungen von Kraft und Verformung zur Kompensation von Geometrieabweichungen an Großbauteilen zu beschreiben und zu erklären. Die komplexen mathematisch-physikalischen Zusammenhänge sind in der Theorie hergeleitet, abstrahiert und in einer Simulation validiert worden. Auf Grund der Annahmen, die für die Implementierung und Validierung gemacht worden sind, und den Erkenntnissen, die dabei gewonnen wurden, kann erstmals eine Theorie zur Verformungskompensation von Großbauteilen formuliert werden, die für die weiterführende Forschung neben der explorativen auch eine empirische Vorgehensweise ermöglicht. Diese zu überprüfende Theorie besagt:

> *Das Verformungsverhalten von Großbauteilen lässt sich über eine Anzahl an ideal-steifen Schalenelementen modellieren, die jeweils über nachgiebige Federelemente verbunden sind. Über einen Einmessvorgang können die Federsteifigkeiten ermittelt und darüber der Kraftzustand innerhalb des Bauteils unter Einwirkung einer äußeren Kraft abgeschätzt werden. Dieses Wissen kann dazu genutzt werden, um Bauteilverformungen mit einem automatisierten Handhabungssystem ausgleichen zu können, indem gezielt Kräfte in das Bauteil eingeleitet werden, ohne schädigende Kraftgrenzen zu überschreiten.*

Eine experimentelle Untersuchung dieser Theorie in Folgearbeiten ist dringend zu empfehlen, um den eingeschlagenen Forschungsweg zu bestätigen bzw. korrigieren zu können.

Ein explorativer Forschungsansatz wurde aus den o.g. Gründen auch für die Entwicklung einer Anlagensteuerung für rekonfigurierbare Handhabungssysteme gewählt. Die Modellbildung konzentriert sich auf die Beschreibung einer Steuerungsarchitektur und die Beschreibung von mechatronischen Modulen. Ein Handhabungsgerät, das in die erarbeitete Steuerungsarchitektur integriert werden soll, muss diesem Beschreibungsmodell entsprechen. Auf Basis dieser Modelle ist die Implementierung und Validierung des Steuerungskonzeptes durchgeführt worden. Erst bei der Validierung sind gravierende Einschränkungen festgestellt worden (vgl. Kapitel 6.4), die durch eine andere methodische Vorgehensweise möglicherweise früher erkannt worden wären bzw. gar nicht erst aufgetreten wären. Für die Entwicklung der Anlagensteuerung müssen daher Eingeständnisse bei der gewählten Forschungsmethodik gemacht werden und für die weitere Entwicklung dieses Themengebiets der Forschungsansatz überdacht werden (siehe dazu Kapitel 6.4).

Für die beiden Teilaufgaben der Prozesssteuerung und der Anlagensteuerung konnten jeweils neue Erkenntnisse erzielt und technische Lösungen entwickelt werden, die jedoch noch nicht über den erforderlichen Reifegrad für einen industriellen Einsatz verfügen. Daher sollten die Themen in künftigen Forschungsprojekten weiterverfolgt werden. Die in dieser Arbeit gewählte methodische Trennung sollte beibehalten werden, bis jeweils ausgereifte Einzellösungen existieren, die dann in einem Gesamtsystem zusammengeführt werden können.

6.4 Darstellung der industriellen Relevanz und Ausblick

Ziel der Forschungsarbeiten ist die Lösung eines industriellen Praxisproblems. Daher werden abschließend die gewonnenen Erkenntnisse in den Themengebieten „Selbstoptimierung in der Produktionstechnik", „Rekonfigurierbare Handhabungssysteme in der Großbauteilmontage" sowie das „Programmier- und Steuerungskonzept für rekonf. Handhabungssysteme" bezüglich ihrer industriellen Relevanz und Akzeptanz bewertet. Zudem wird ein Ausblick auf Folgearbeiten gegeben, die für eine industrielle Verwertung der Ergebnisse noch geleistet werden müssen.

Die untersuchten Teilaspekte der „Selbstoptimierung" und der „rekonfigurierbaren Handhabungssysteme" werden dabei gesondert betrachtet, da eine selbstoptimierende Steuerung auch mit nicht-rekonfigurierbaren Systemen angewendet werden kann. Umgekehrt können auch rekonfigurierbare Systeme ohne eine selbstoptimierende Prozesssteuerung betrieben werden. Auf Grund der zahlreichen Freiheitsgrade eines rekonfigurierbaren Systems ist es jedoch ratsam, dem Anwender eine systemseitige Unterstützung zur Beherrschung der Freiheitsgrade bereitzustellen, sei es zur Prozesssteuerung oder z.B. zur Planung einer Anlagenkonfiguration.

Selbstoptimierung in der Produktionstechnik

Die Funktionalität und damit die Komplexität von Produktionsanlagen steigt kontinuierlich. Dieser Trend ist ein Garant dafür, dass der High-Tech-Standort Deutschland eine ausgezeichnete Position im globalen Wettbewerb des Maschinen- und Anlagenbaus einnehmen kann [BREC11]. Um diese Position zu sichern und auszubauen, muss dieser Trend auch in Zukunft durch kontinuierliche Forschungs- und Entwicklungsarbeiten aufrechterhalten und vorangetrieben werden. Die zunehmende Komplexität darf jedoch nicht zu Lasten der Beherrschbarkeit der Produktionsprozesse gehen. Die Zuverlässigkeit in der Prozessführung muss zu jedem Zeitpunkt sichergestellt werden, um den „Mehrwert" (auch im Sinne höherer Anlagenkosten auf Grund der zusätzlichen Entwicklungsaufwände) darstellen und rechtfertigen zu können. Für Produktionsprozesse, in denen die Prozesssicherheit mit konventioneller Automatisierung nicht sichergestellt werden kann, stellen selbstoptimierende Produktionssysteme einen vielversprechenden Lösungsansatz dar. Die in Kapitel 2.2 genannten Anwendungsfälle konzentrieren sich darauf, für sehr spezielle Problemstellungen Lösungen zu entwickeln, um den Einsatz und den Nutzen von Selbstoptimierung in Produktionsprozessen zu untersuchen. In künftigen Forschungsarbeiten müssen diese anwendungsspezifischen Lösungen generalisiert werden, um die Ergebnisse und damit die Möglichkeiten der Selbstoptimierung für ein breiteres Aufgabenspektrum nutzbar zu machen. Auch wenn Selbstoptimierung bislang ausschließlich ein Thema im Forschungsumfeld war, wird dessen industrielle Relevanz aus Sicht des Autors steigen.

Für die Produktion von Großbauteilen ist der Einsatz von Selbstoptimierung von besonderer Relevanz. Großbauteile bieten auf Grund ihrer räumlichen Ausdehnung die Möglichkeit, an einem Bauteil mehrere Produktionsschritte parallel auszuführen.

Durch die Parallelisierung und Arbeitsteilung können signifikante Taktzeitreduzierungen und somit Produktivitätssteigerungen erreicht werden. Eine vollständige Planung der daraus resultierenden Produktionsabläufe ist jedoch sehr komplex. Fragestellungen zur Selbstoptimierung und Selbstorganisation gewinnen für diesen Industriebereich damit immens an Bedeutung, um die erforderlichen Planungs- und Koordinationsaufgaben von einem Steuerungssystem automatisiert ausführen zu lassen. Künftige Forschungsarbeiten sollten sich daher darauf konzentrieren, die Anwendbarkeit von Selbstoptimierung in weiteren Produktionsprozessen der Großbauteilmontage zu untersuchen und einzusetzen. Die Modellierung von Produkten, Prozessen und Betriebsmitteln ist dabei ein entscheidender Baustein. Die in dieser Arbeit aufgestellten Bauteil- und Prozessmodelle bieten eine Grundlage und Ansatzpunkte für künftige Weiterentwicklungen.

Trotz zunehmender Automatisierung wird der Mensch ein entscheidender Faktor in einem Produktionssystem bleiben; nicht zuletzt deshalb, weil der Maschinenbediener (und nicht das automatisierte System) die Verantwortung für einen störungsfreien Betrieb übernehmen muss. Dafür ist es essenziell, dass in selbstoptimierenden Systemen die Prozessabläufe für den Maschinenbediener transparent und nachvollziehbar dargestellt werden, damit das autonom arbeitende System vom Bediener akzeptiert wird. Daher sollte der Mensch über die Vorgänge in einem selbstoptimierenden System zumindest informiert (z.B. über eine Visualisierung) bzw. bei der Entscheidungsfindung für eine Problemlösung eingebunden werden. Dies erfordert, dass für den Betrieb der selbstoptimierenden Systeme hoch qualifiziertes Personal eingesetzt wird, das bei Störungen in das hoch komplexe System zuverlässig eingreifen kann. Dies ist ein weiterer Aspekt, warum selbstoptimierende Produktionssysteme nicht nur den Hochtechnologie- sondern auch den Hochlohnstandort langfristig sichern und einer Verlagerung der Produktion in Niedriglohnländer entgegenwirken. Bei der Entwicklung selbstoptimierender Systeme dürfen diese soziotechnischen Fragestellungen nicht außer Acht gelassen werden und müssen für einen künftigen Einsatz in der industriellen Praxis verstärkt berücksichtigt werden.

Die beschriebenen Handlungsfelder zur Weiterentwicklung selbstoptimierender Systeme und die Mensch-Maschine-Interaktion sind nur zwei Aspekte, die in ein neues Themenumfeld münden, das gegen Ende dieser Arbeit große Aufmerksamkeit in Forschung und Industrie genießt und die Entwicklungen in den kommenden Jahren maßgeblich lenken wird: Industrie 4.0. Von der zunehmenden Autonomie automatisierter Systeme und deren Fähigkeiten zur Selbstoptimierung und Selbstorganisation werden Veränderungen im Produktionsumfeld erwartet, die ähnlich gravierende Änderungen mit sich bringen werden, wie die früheren drei industriellen Revolutionen, d.h. die Erfindung der Dampfmaschine, die Einführung von Arbeitsteilung und die Automatisierung. Dieser Veränderungsprozess wird daher als „vierte industrielle Revolution" bzw. Industrie 4.0 bezeichnet. Ein wichtiger Bestandteil von Industrie 4.0 ist eine stärkere computertechnische Vernetzung der Produktionssysteme und ein intensiverer Informationsaustausch, so dass durch die damit zur Verfügung stehenden Datenmengen z.B. Abläufe effizienter geplant oder Störungen frühzeitig erkannt und behoben werden können. Auch die Einbindung und Unterstützung der Maschinenbediener kann auf Grund des Informationsaustausches verbessert werden, so dass dieser über Informations- und Kommunikationssysteme über den aktuellen Status des Produktionssystems informiert werden und bei Bedarf gezielt eingreifen kann.

Rekonfigurierbare Handhabungssysteme in der Großbauteilmontage

Aktuelle Entwicklungen zur Modularisierung von Produktionssystemen machen auch vor Handhabungssystemen für Großbauteile nicht Halt. Da Flugzeugmodelle und damit auch deren Montagesysteme üblicherweise eine Lebensdauer von mehreren Jahren oder Jahrzehnten haben, sind die Möglichkeiten der Rekonfiguration für die Industrie jedoch nur von untergeordneter Relevanz [MÜLL11a]. Es muss daher kritisch hinterfragt werden, ob die Motivation für diese Entwicklung tatsächlich industrieller oder nicht vielmehr akademischer Natur ist. Trotz fortschreitender Entwicklung modularer, dezentral organisierter Systeme geht der Autor davon aus, dass eine optimal ausgelastete starre Automatisierungslösung immer schneller und kostengünstiger produzieren kann als eine modulare, flexible Anlage, da durch die vorhandenen Schnittstellen verschiedenste Verluste auftreten. Aber immer dann, wenn eine starre Anlage (noch) nicht vorhanden ist oder ihre optimale Auslastung nicht sichergestellt werden kann, kann der Einsatz eines rekonfigurierbaren Handhabungssystems für Montageaufgaben in Erwägung gezogen werden. Verschiedene Szenarien sind denkbar und werden kurz skizziert.

Um beispielsweise in der Prototypen- oder Vorserien-Produktion erste Testbauteile montieren zu können, kann die Beschaffung einer starren Serienanlage unwirtschaftlich sein, insbesondere wenn z.B. noch Änderungen am Produkt auftreten können. Mit einem rekonfigurierbaren System kann dann auf mögliche Produktänderungen noch reagiert werden, bevor eine Serienanlage entwickelt und beschafft werden muss.

In einer späteren Phase des Produktlebenszyklus kann z.B. der Produktionsanlauf teilweise auf einem rekonfigurierbaren Montagesystem erfolgen. Solange noch kleine Stückzahlen (auch von unterschiedlichen Produkten/ Varianten oder speziellen Kundenwünschen) produziert werden müssen, kann dies auf einem rekonfigurierbaren System erfolgen, bis sich (bei steigenden Stückzahlen) eine starre Automatisierungslösung rentiert. Bei weiter steigenden Stückzahlen können Überkapazitäten mit dem rekonfigurierbaren System aufgebaut werden, bis die Beschaffung einer zweiten starren Anlage wirtschaftlich ist.

Gegen Ende des Produktlebenszyklus stehen viele Unternehmen vor der Herausforderung, auch mehrere Jahre nach der Serienproduktion die Lieferfähigkeit für Ersatzteile in kleinen Stückzahlen und unterschiedlichen Varianten sicherzustellen („After-Sales-Service"). Um nicht die bestehenden Anlagen der Serienproduktion mit geringer Auslastung weiter betreiben zu müssen oder produzierende Serienanlagen häufig für Ersatzteil-Produktionen mit Umrüstvorgängen etc. zu unterbrechen, können rekonfigurierbare Systeme für diese Produktion von vielen Varianten in kleinen Losgrößen wirtschaftlicher sein. Für die in dieser Arbeit betrachtete Produktion von Großbauteilen, z.B. für Flugzeugstrukturen, ist dies jedoch nur ein theoretisches Argument, da auch in Zukunft nicht von einem „After-Sales-Service“ für derartige Großbauteile auszugehen ist.

Programmier- und Steuerungskonzept für rekonf. Handhabungssysteme

Die einfache Programmierung und schnelle Inbetriebnahme ist für praktisch alle automatisierten Produktionsanlagen relevant [BREC09b]. Mit den erzielten Ergebnissen zur simulationsbasierten Programmierung von rekonfigurierbaren Handhabungssystemen kann die Bedienbarkeit dieser Systeme erleichtert und damit die Akzeptanz und industrielle Relevanz gesteigert werden.

Das Steuerungskonzept ist für Anwendungen entwickelt worden, in denen ein rekonfigurierbares Handhabungssystem nach einer Rekonfiguration schnell wieder in Betrieb genommen werden soll, indem die in einer Simulationsumgebung generierten Bewegungsbahnen direkt für die Ausführung durch das reale Handhabungssystem genutzt werden. Auch wenn die Funktionsfähigkeit des entwickelten Programmier- und Steuerungskonzeptes nachgewiesen werden konnte, sind weitere Forschungsarbeiten notwendig, die sich insbesondere mit der Untersuchung und Steigerung der Genauigkeit der Bewegungsbahnen beschäftigen sollten. Für einen industriellen Einsatz ist es unerlässlich, eine messtechnische Überwachung des Handhabungssystems zu integrieren, um Abweichungen zwischen Simulation und Realität zur Laufzeit erkennen und ausregeln zu können [DEME11]. Eine sensorgeführte Positionierung kann von dem entwickelten Steuerungskonzept derzeit jedoch nicht geleistet werden, da eine Echtzeit-Erfassung und -Verarbeitung der realen Sensordaten in der Simulation zu einer „Vermischung“ von nominellen Vorgabewerten und Korrekturwerten durch die Sensordaten führt. Eine Vorgabe von korrekten Bewegungsbahnen aus der Simulation heraus ist somit nicht möglich. Daneben wäre es auch möglich, aus der Simulation die nominellen Bewegungsdaten zu nutzen und diese erst außerhalb der Simulation mit Korrekturwerten zu beaufschlagen, bevor die reale Bewegung ausgeführt wird. Dies führe allerdings dazu, dass eine Synchronisation der Bewegungs- und Korrekturdaten vorgenommen werden müsste, wodurch es zu Verzögerungen bei der Handhabungsaufgabe kommen käme, die möglicherweise nicht zulässig wären. Diese und weitere Herausforderungen für eine messtechnische Überwachung des Handhabungssystems müssen in künftigen Arbeiten näher untersucht, bewertet und entwickelt werden.

Sowohl für die zuvor genannten Erweiterungen als auch für die bestehende Funktionalität des Steuerungskonzeptes muss die Flexibilität in der Programmierung gesteigert werden. Für die Realisierung der Datenübertragung sind große Aufwände aufgebracht worden, um einen schnellen Interpolationstakt zu erzielen und somit eine Nutzung der Simulationsdaten in der Realität zu ermöglichen. Diese Aufwände führen dazu, dass die Freiheiten in der Programmierung eingeschränkt sind und beispielsweise ein Umgreifen des Bauteils während einer Handhabungsaufgabe nicht möglich ist (vgl. Kapitel 5.4). Es muss untersucht werden, ob innerhalb der Signalkette (vgl. Kapitel 5.2) andere Möglichkeiten bestehen, um die Qualität der Bewegungsdaten ohne diese Einschränkungen sicherzustellen.

Neben dem entwickelten Anwendungsfall zur Bewegungssteuerung kann eine direkte Kopplung von Simulation und Realität auch sinnvoll sein, wenn die Richtung der Datenübertragung umgekehrt wird und die Simulation den Vorgaben aus der Realität folgt. Ein naheliegendes Anwendungsbeispiel mit industrieller Relevanz ist die Kollisionsüberwachung. In einer Simulation können Kollisionsbereiche oder Sicherheitsabstände definiert werden, so dass Kollisionen oder Beinahe-Kollisionen (bei Unterschreiten eines zuvor definierten Mindestabstands) frühzeitig erkannt werden können. Lässt man die Simulation parallel oder mit einem geringen zeitlichen Vorlauf zur Realität ablaufen, können die Funktionen der Kollisionsüberwachung in der Simulation genutzt werden, um die reale Maschine stillzusetzen, bevor es tatsächlich zu einer Kollision oder einer Verletzung von Sicherheitsabständen kommt. Insbesondere bei sensorgeführten und/ oder selbstoptimierenden Montagesystemen für Großbauteile, deren Bewegungsabläufe nicht vorab geplant werden können, kann der Produktionsbetrieb auf diese Weise abgesichert und die Akzeptanz und Relevanz für industrielle Anwendungen gesteigert werden.

7 Zusammenfassung

Die Flexibilisierung von Montageanlagen und deren Nutzung für unterschiedliche Produktvarianten ist ein anhaltender Trend, der immer mehr Industriebereiche erreicht. In den vergangenen Jahren sind wandlungsfähige Montagesysteme als ein möglicher Lösungsansatz entwickelt worden, die durch ihre modulare Gestaltung für unterschiedliche Anwendungsfälle rekonfiguriert werden können. Auch in der Großbauteilmontage, in der traditionell starre, bauteilspezifische Vorrichtungen eingesetzt werden, werden zunehmend programmierbare, roboterbasierte Montagesysteme gefordert, um unterschiedliche Bauteilgeometrien auf einer Anlage montieren zu können. Neben der Flexibilität steigt durch die zunehmende Anzahl an Freiheitsgraden jedoch auch die steuerungstechnische Komplexität der Montagesysteme. Die Folge ist, dass die Fähigkeiten vorhandener roboterbasierter Systeme in der Großbauteilmontage mit aktuellen Steuerungskonzepten nicht voll ausgenutzt werden können.

In einem explorativen Forschungsansatz wird untersucht, wie die Freiheitsgrade eines rekonfigurierbaren, roboterbasierten Montagesystems beherrscht werden können, um einen automatisierten, prozesssicheren Betrieb der Anlagen zu ermöglichen. Als Anwendungsbeispiel wird die Montage von Flugzeugschalen identifiziert, da hier bzgl. der Anlagentechnik und der Prozesssteuerung großer Handlungsbedarf in der Industrie besteht. Bei diesem Prozessschritt müssen Verformungen des Großbauteils durch das gezielte Einleiten von Kräften kompensiert werden, ohne dass unzulässige Kräfte, die das Bauteil beschädigen, überschritten werden. Da die Verformungen für jedes Bauteil individuell anders sind, stößt konventionelle Automatisierung zur Steuerung dieses Prozesses an ihre Grenzen. In dieser Arbeit wird erforscht, ob selbstoptimierende Produktionssysteme, die derzeit im Forschungsumfeld entwickelt werden, für dieses komplexe Steuerungsszenario angewendet werden können. Selbstoptimierende Systeme können über Messtechnik Veränderungen ihrer Umwelt wahrnehmen, auf Basis geeigneter Modelle ihre Zielsetzung neu planen und ihr Verhalten entsprechend der neuen Zielsetzung anpassen. Sie bieten damit einen vielversprechenden Lösungsansatz für die vollautomatisierte Verformungskompensation von Großbauteilen.

Im weiteren Forschungsprozess werden die erforderlichen Modelle aufgestellt, mit denen das Verformungsverhalten von Großbauteilen beschrieben und ein Algorithmus zur Verformungskompensation aufgestellt werden kann. Dieser Algorithmus ist in der Lage, auf die aktuelle Bauteilverformung zu reagieren und innerhalb vorgegebener Grenzen bauteilspezifische Bewegungsbahnen für ein Handhabungssystem zu generieren, das die Verformungskompensation ausführt. Anhand mehrerer Szenarien, in denen unterschiedliche Bauteilsteifigkeiten, zulässige Kraftgrenzen und Verformungszustände als Eingangsgrößen variiert werden, wird die Funktionsfähigkeit der selbstoptimierenden Verformungskompensation in einer Simulation validiert.

Für die Ausführung dieses Prozesses zur Verformungskompensation wird ein Montagesystem benötigt, bei dem das Bauteil von mehreren Handhabungseinheiten gehalten und positioniert wird. Dazu wird ein rekonfigurierbares Handhabungssystem entwickelt, das an unterschiedliche Produkt- und Prozessanforderungen angepasst werden kann. Um die Bedienbarkeit dieses Handhabungssystems zu erleichtern, wird ein Steuerungssystem erarbeitet, in dem die Funktionen der selbstoptimierenden Prozesssteuerung und einer grafischen Programmierung in einem Simulationssystem kombiniert werden. Durch einen automatisierten Einmessprozess und einen Abgleich zwischen Simulation und Realität ist somit eine schnelle Wiederinbetriebnahme des rekonfigurierbaren Systems möglich. Das Steuerungskonzept wird implementiert, an einem Prüfstand validiert und die Funktionsfähigkeit für einfache Positionieraufgaben nachgewiesen.

Die Ergebnisse dieser Arbeit stellen einen Beitrag dar, um die technischen Möglichkeiten in der roboterbasierten Montage von Großbauteilen zu erweitern und kontinuierlich einen Fortschritt gegenüber dem bestehenden Stand der Technik zu erzielen. Auch wenn für die beiden untersuchten Forschungsbereiche der Prozesssteuerung und der Anlagensteuerung die Funktionsfähigkeit der Algorithmen jeweils nachgewiesen werden konnte, zeigt eine kritische Reflexion der Forschungsmethodik und der Ergebnisse ebenso die Grenzen der entwickelten Konzepte auf. Für künftige Forschungsarbeiten muss daher geprüft werden, wie die gewählten Lösungsansätze erweitert werden können, um die identifizierten Einschränkungen aufzuheben. Auf Basis der gewonnen Erkenntnisse wird anschließend eine Einschätzung zur industriellen Relevanz der Forschungsarbeiten und ein Ausblick auf folgende Forschungsarbeiten gegeben, um die selbstoptimierende Montage schalenförmiger Großbauteile mit rekonfigurierbaren Handhabungssystemen kontinuierlich weiterzuentwickeln.

Literaturverzeichnis

[ADEL09] Adelt, P.; Donath, J.; Gausemeier, J.; Geisler, J.; Henkler, S.; Kahl, S.; Klöpper, B.; Krupp, A.; Münch, E.; Oberthür, S.; Paiz, C.; Porrmann, M.; Radkowski, R.; Romaus, C.; Schmidt, A.; Schulz, B.; Tscheuschner, T.; Vöcking, H.; Witkowski, U.; Witting, K.; Znamenshchykov, O.: Selbstoptimierende Systeme des Maschinenbaus – Definitionen, Anwendungen, Konzepte. In: Gausemeier, J.; Rammig, F.; Schäfer, W. (Hrsg.): Sonderforschungsbereich 614 Selbstoptimierende Systeme des Maschinenbaus. 1. Aufl. Paderborn: Westfalia, 2009

[AMEL96] Ameling, W.; Backé, W.; Dittrich, G.; Drews, P.; Eversheim, W.; Henneberger, G.; Pfeifer, T.; Rake, H.; Sattler, P.K.; Skudelny, H.-C.; Weck, M.: Flexible Handhabungsgeräte im Maschinenbau – Grundlagen, Komponenten, Applikationen. 1. Aufl., Weinheim: VCH, 1996

[APMA09] Apmann, H.: Automatische Handhabung von CFRP-Material für Spante und Stringer. In: Automatisierbare Fertigungstechnik für Composite-Bauweisen Anwendungen, Neuentwicklungen und Zukunftsperspektiven. DLR Bauweisen-Kolloqium. Stuttgart, 06. Mai 2009

[APMA11] Apmann, H.: Vorteile durch CFK und Leichtbau. In: 1. Forum Windkraft-Luftfahrt. Varel, 26. Januar 2011

[ARNO11] Arnoscht, J.: Beherrschung von Komplexität bei der Gestaltung von Baukastensystemen. Diss. RWTH Aachen, 2011

[ASSM95] Assmann, B.: Technische Mechanik (Reihe: Festigkeitslehre, Bd. 2). 13. Aufl. München: Oldenbourg, 1995

[BAMB08] Bamberg, G.; Coenenberg, A.G.; Krapp, M.: Betriebswirtschaftliche Entscheidungslehre. 14. Aufl. München: Vahlen, 2008

[BASA00] Basar, Y.; Krätzig, W.: Theory of Shell Structures. (Reihe: Fortschritt-Berichte VDI, Bd. 18). Nr. 258, Düsseldorf: VDI, 2000

[BAUM05] Baumgart, I.M.: Modularisierung von Produkten im Anlagenbau. Diss. RWTH Aachen, 2005

[BECK13] Beckhoff Information System. URL: http://infosys.beckhoff.de/index.php?content=../content/1031/cx1010_hw/html/cx1010_prosystem.htm&id= [Stand: 30.11.2013]

[BERN11] Bernhard, R.: Einheitlicher Zugriff auf Automatisierungsdaten. In: openautomation. 13. Jg., 2011, Nr. 1-2, S. 2-6

[BI07] Bi, Z.M.; Wang, L; LANG, S.Y.: Current status of reconfigurable assembly systems. In: International Journal of Manufacturing Research. 2. Jg., 2007, Nr. 3, S. 303-328

[BICC00] Bicchi, A.; Prattichizzio, D.: Manipulability of Cooperating Robots with Unactuated Joints and Closed-Chain Mechanisms. In: IEEE Transactions on Robotics and Automation, 16. Jg., 2000, Nr. 4, S. 336-345

[BREC09a] Brecher, C.: Studie: Strategien und Trends in der Montagetechnik und -organisation. (Reihe: Excellence in Material and Production). Aachen: Apprimus, 2009

[BREC09b] Brecher, C.; Krüger, J.; Uhlmann, E.; Verl, A.: Effiziente Methodiken und durchgängige Werkzeuge zur Modellerstellung digitaler Produktionseinrichtungen. In: Brecher, C. (Hrsg.): Fertigungstechnik (Reihe: Fortschritt-Berichte VDI, Bd. 2). Nr. 671, Düsseldorf: VDI, 2009

[BREC11] Brecher, C.: Integrative Produktionstechnik für Hochlohnländer. Heidelberg: Springer, 2011

[BREC12] Brecher, C.; Loosen, P.; Müller, R.; Pyschny, N.; Pavim, A.; Vette, M.; Malik, A.; Fayzullin, K.; Haag, S.: Integrative Product and Process Design for Self-Optimising Assembly. In: Brecher, C. (Hrsg.): Integrative Production Technology for High-Wage Countries. Heidelberg: Springer, 2012, S. 849-894

[BRED05] Bredin, C: Team-mates – ABB MultiMove functionality heralds a new era in robot applications. In: ABB Review, 2005, Nr. 1, S. 26-29

[BRNE13] Bernecker + Rainer Industrie Elektronik G.m.b.H. URL: http://www.br-automation.com/de-de/technologie/cnc-robotik/ [Stand: 30.11.2013]

[BROY10] Broy, M.: Cyber-Physical Systems – Innovationen durch Software-Intensive eingebettete Systeme. Berlin: Springer, 2010

[BUCH12] Buch, A.; Laudenberg, T.: PC-basierte Steuerung erweitert Automatisierungsmöglichkeiten. In: MM MaschinenMarkt, 2012, Nr. 14, S. 50-53

[BULL86] Bullinger, H.J.: Systematische Montageplanung – Handbuch für die Praxis. München: Carl Hanser, 1986

[CIRO13] CIROS Studio. URL: http://www.ciros-engineering.com/de/produkte/virtuelles-engineering/ [Stand.: 30.11.2013]

[CORV07] Schutzrecht DE10 2005 059 349 A1 (14.06.2007). Corves, B.; M'Barek, T.; Riedel, M.; Nefzi, M.; Hüsing, M.: Parallelkinematisches Greifsystem zum Greifen und Handhaben

[CORV11] Corves, B.; Müller, R.; Esser, M.; Hüsing, M.; Janßen, M.; Riedel, M.; Vette, M.: Rekonfigurierbare Montagesysteme für das Großbauteilhandling. In: Brecher, C. (Hrsg.): Integrative Produktionstechnik für Hochlohnländer. Heidelberg: Springer, 2011, S. 1015-1043.

[COTE13] Cognition for Technical Systems (CoTeSys). URL: http://www.exzellenz.tum.de/exzellenz-cluster/#c84. [Stand: 24.05.2013]

[CRAI05] Craig, J.J.: Introduction to Robotics – Mechanics and Control. 3. Aufl. London: Pearson, 2005

[DADJ10] Dadji, Y.; Michalik, H.; Kohn, N.; Steiner, J.; Beckmann, G.; Möglich, T.; Varchmin, J.-U.: A Communication Architecture for Distributed Real-Time Robot Control. In: Schütz, D.; Wahl, F.M. (Hrsg.): Robotic Systems for Handling and Assembly, Berlin: Springer, 2010, S. 213-231

[DELL09] Dell'Aere, A.; Hirsch, M.; Klöpper, B.; Koester, M.; Krüger, M.; Krupp, A.; Müller, T.; Oberthür, S.; Pook, S.; Priesterjahn, C.; Romaus, C.; Schmidt, A.; Sondermann-Wölke, C.; Tichy, M.; Vöcking, H.; Zimmer, D.: Verlässlichkeit selbstoptimierender Systeme – Potenziale nutzen und Risiken meiden. In: Gausemeier, J.; Rammig, F.; Schäfer, W. (Hrsg.): Sonderforschungsbereich 614 Selbstoptimierende Systeme des Maschinenbaus. 1. Aufl. Paderborn: Westfalia, 2009

[DEME11] Demeester, F.; Dresselhaus, M.; Essel, I.; Jatzkowski, P.; Nau, M.; Pause, B.; Plapper, P.; Schmitt, R.; Schönberg A., Voss; H.: Referenzsysteme für die wandlungsfähige Produktion. In: Brecher, C.; Klocke, F.; Schmitt, R.; Schuh, G. (Hrsg.): Wettbewerbsfaktor Produktionstechnik – Aachener Perspektiven. Aachen: Shaker, 2011, S. 449-477

[DEST13a] Statistisches Bundesamt: Erwerbstätige. URL: https://www.destatis.de/DE/ZahlenFakten/GesamtwirtschaftUmwelt/Arbeitsmarkt/Erwerbstaetigkeit/Erwerbstaetigenrechnung/Tabellen/ArbeitnehmerWirtschaftsbereiche.html [Stand: 28.10.2013]

[DEST13b] Statistisches Bundesamt: Inlandsproduktberechnung. URL: https://www.destatis.de/DE/ZahlenFakten/GesamtwirtschaftUmwelt/VGR/Inlandsprodukt/Tabellen/Gesamtwirtschaft.html [Stand: 28.10.2013]

[DETE13] Detert, T.; Mannheim, T.; Corves, B.: Improving the accuracy of a Multi-Arm-Robot-System by parameter identification of the single arm. In: The 11th International Symposium on Measurement Technology and Intelligent Instruments. Aachen, 01.-05. Juli 2013. Aachen: Apprimus, 2013, S. 225

[DIN83] Norm DIN 9020 (Oktober 1983): Masseaufteilung für Luftfahrzeuge schwerer als Luft – Massehauptgruppen und Massebegriffe

[DIN91] Norm DIN ISO 2768 (Juni 1991): Allgemeintoleranzen – Toleranzen für Längen- und Winkelmaße ohne einzelne Toleranzeintragung

[DIN99] Norm DIN EN ISO 9283 (Mai 1999): Industrieroboter – Leistungskenngrößen und zugehörige Prüfmethoden

[DÜRR12] Dürr AG: Dürr:news September 2012. URL: http://www.durr.com/fileadmin/user_upload/newsletter/September_2012/Duerr_News_September_2012.pdf [Stand: 16.09.2013]

[DZIW13] Dziwok, S.; Just, V.; Schierbaum, T.; Schäfer, W.; Trächtler, A.; Gausemeier, J.: Integrierter Regelungs- und Softwareentwurf für komplexe mechatronische Systeme. In: Gausemeier, J.; Dumitrescu, R.; Rammig, F.-J.; Schäfer, W.; Trächtler, A. (Hrsg.): 9. Paderborner Workshop Entwurf mechatronischer Systeme (Bd. 310). Paderborn: HNI Verlagsschriftenreihe, 2013, S. 375--394

[EASY13] EASY-ROB. URL: http://www.easy-rob.com/produkt.html [Stand: 30.11.2013]

[EIKM11] Eikmeier, R.; Wittke, H.; Kootz, A: Industrial Ethernet Facts – Die 5 wesentlichen Systeme. 6. Jg., 2011, Nr. 1

[ENGM08] Engmann, K.: Technologie des Flugzeugs. 4. Aufl. Würzburg: Vogel, 2008

[EVER99] Eversheim, W.: Produktentstehung. In: Betriebshütte – Produktion und Management. CD-ROM edition, 1999

[FELD07] Feldmann, K.; Ziegler, C.; Michl, M.: Bewegungssteuerung für kooperierende Industrieroboter in der Montageautomatisierung. In: wt Werkstattstechnik online, 97. Jg., 2007, Nr. 9, S. 713-717

[FOIT12] Foitzik, B.: Ready for Kleb off – In Nordenham entsteht eine Produktionszelle für CFK-Bauteile. In: Industrieanzeiger, 2012

[FRAU09] Schutzrecht DE 10 2007 028 918 A1 (02.01.2009). Frauen, H.; Gnauck, T.; Klemkow, E.: Verfahren zur Herstellung einer Rumpfzelle eines Flugzeugs sowie Vorrichtung

[FRIE13] Friedrich, D.; Feldmann, S.; Vogel-Heuser, B.: Modularisierung und Wiederverwendung in der Elektroplanung. In: Vogel-Heuser, B. (Hrsg.): Engineering von der Anforderung bis zum Betrieb. Kassel: University Press, 2013, S. 28-40

[GÖPF98] Göpfert, J.: Modulare Produktentwicklung - Zur gemeinsamen Gestaltung von Technik und Organisation. Diss. LMU München, 1998

[GOET09] Götsch, E.: Luftfahrzeug-Technik – Einführung, Grundlagen, Luftfahrzeugkunde. 1. Aufl. Stuttgart: Motorbuch, 2009

[GRZO04] Grzonka, H.: Modulare Automatisierung zahlt sich aus. In: Tagungsband „Elektrisch-mechanische Antriebssysteme: Innovationen - Trends – Mechatronik". Fulda, 06.-07. Oktober 2004. Offenbach: VDE 2004, S. 141-156

[HAAG11] Haag, S.; Pyschny, N.; Brecher, C.: Flexible Assembly Robotics for Self-optimizing Production. In: Intelligent Robotics and Application. Aachen, 06.-08. Dezember 2011. Berlin: Springer, 2011, S. 189-198

[HESS10] Hesse, S.; Malisa, V.: Taschenbuch Robotik Montage Handhabung. München, Carl Hanser, 2010

[HORS06] Horsch, T.: Kooperierende Roboter bilden Basis für die Teamarbeit. In: Maschinenmarkt, 2006

[HUEN08] Hünecke, K.: Die Technik des modernen Verkehrsflugzeuges. 1. Aufl. Stuttgart: Motorbuch, 2008

[HUES10] Hüsing, M.; Riedel, M.; Nefzi, M.; Corves, B.: Vorgehensweise bei der Entwicklung von maßgeschneiderten Handhabungsgeräten in kleinen und mittleren Unternehmen – von der Idee bis zur Umsetzung. In: VDI-Berichte Nr. 2116, 2010, S. 191-205

[HUNT98] Hunt, C.: TCP/IP-Netzwerk-Administration. 2. Aufl. Sebastopol, USA: O'Reilly, 1998

[IFAM13] Fraunhofer-Institut für Fertigungstechnik und Angewandte Materialforschung: Automatisierte FVK-Großstruktur-Montage – Fraunhofer FFM entwickelt grundlegende Verfahren und Anlagen. In: Jahresbericht 2012/2013, S. 98-106

[ISER05] Isermann, R.: Mechatronic systems: fundamentals. London: Springer, 2005

[ISER08] Isermann, R.: Mechatronische Systeme: Grundlagen. 2. Aufl. Berlin: Springer, 2008

[JANG97] Jang, J.; Pyung-Hoi, K.; Nof, S. Y.: Application of Design and Control Tools in a Multirobot Cell. In: Computers & Industrial Engineering. 32. Jg., 1997, Nr. 1, S- 89-100

[JANS12] Janßen, M.; Müller, R.: Self-optimizing Handling System for Assembling Large Components. In: Intelligent Robotics and Application. Montreal, Kanada, 03.-05. Oktober 2012, Berlin: Springer, S. 663-672

[KAEM08] Kämpfert, S.: Kooperierende Roboter – Mehr Wertschöpfung in der Fertigung. In Industrieanzeiger. Nr. 2008/23

[KLEI07] Kleinlützum, K.; Brockmann, W.; Rosemann, N.: Modellierung von Anomalien in einer modularen Roboter-Steuerung. In: Berns, K.; Luksch, T. (Hrsg.): Autonome Mobile Systeme, Kaiserslautern, 18.-19. Oktober 2007, S. 89-95

[KOEP05] Koeppe, R.; Engelhardt, D.; Hagenauer, A.; Heiligensetzer, P.; Kneifel, B.; Knipfer, A.; Stoddard, K.: Robot-Robot and Human-Robot Cooperation in Commercial Robotics Applications. In: Robotics Research. Berlin: Springer, 2005, S. 202-216

[KOHN07] Kohn, N.: Kommunikations-Infrastruktur für hochdynamische Parallelroboter. Diss. TU Braunschweig, 2007

[KORE99] Koren, Y.; Heisel, U.; Jovane, F.; Moriwaki, T.; Pritschow, G.; Ulsoy, G.; v. Brussel, H.: Reconfigurable Manufacturing Systems. In: Annals of the CIRP. 48 Jg., 1999, Nr. 2, S. 527-540

[KORE11] Koren, Y.; Shpitalni, M.: Design of reconfigurable manufacturing systems. In: Journal of Manufacturing Systems. 29. Jg., 2011, Nr. 4, S. 130-141

[KRTE14] Kurtenbach, S.; Kochniss, M; Cousin, A.; Corves, B.: Development of a pneumatic End-effector for a 3-DOF robotic local structure. In: Proceedings of the Second Conference MeTrApp 2013. Bilbao, Spanien, 02.-04. Oktober 2013. Dordrecht: Springer, 2014, S. 285-292

[KUBI77] Kubicek, H.: Heuristische Bezugsrahmen und heuristisch angelegte Forschungsdesigns als Elemente einer Konstruktionsstrategie empirischer Forschung. In: Empirische und handlungstheoretische Forschungskonzeptionen in der Betriebswirtschaftslehre. Stuttgart: Poeschel, 1977, S. 3-36

[KUKA08a] KUKA Robot Group Communication: KUKA.Ethernet RSI XML 1.2 für KUKA System Software 5.4, 5.5, 7.0. Stand: 25.02.2008 Version: KST Ethernet RSI XML 1.2 V2 de

[KUKA08b] KUKA System Technology: KUKA.RobotSensorInterface 2.2 für KUKA System Software 5.4, 5.5, 7.0. Version: KST RSI 2.2 V1 de

[KURT04] Kurth, J.: Kooperierende Roboter eröffnen neue Anwendungen in der Produktion. In: ZWF Zeitschrift für wirtschaftlichen Fabrikbetrieb. 99. Jg., 2004, Nr. 7-8, S. 385-389

[KURT05] Kurth, J.: Flexible Produktionssysteme durch kooperierende Roboter. In: wt Werkstattstechnik online. 95. Jg., 2005, Nr. 3, S. 81-84

[LAND01] Landers, R.G.; Min, B.-K.; Koren, Y.: Reconfigurable Machine Tools. In: CIRP Annals - Manufacturing Technology. 50. Jg., 2001, Nr. 1, S. 269-274

[LANG00] Lang, R.: Technologiekombination durch Modularisierung. Diss. St. Gallen, 2000

[LAU10] Lau, C.: Methodik für eine selbstoptimierende Produktionssteuerung. Diss. TU München, 2010

[LEHM00] Schutzrecht EP 1 063 166 A1 (27.12.2000). Lehmker, J.; Mühlnickel, K.-H.; Stoewer, U.-H.; Vollmerhaus, R.: Verfahren und Vorrichtung zur Herstellung eines dreidimensionalen Großbauteiles

[LEWE05] Lewek, J.: Adaptierbares Informationssystem zur Erstellung baukastenbasierter Fertigungseinrichtungen. Heimsheim: Jost Jetter, 2005

[LNGE03] Lange, F.: Adaptiv vorausplanende Steuerung für schnelle sensorbasierte Roboterbewegungen. Diss. TU Karlsruhe, 2003

[LOOS12] Loosen, P.; Schmitt, R.; Brecher, C.; Müller, R.; Funck, M.; Gatej, A.; Morasch, V.; Pavim, A.; Pyschny, N.: Self-optimizing assembly of laser systems. In: Production Engineering – Research and Development. 2012, Nr. 5, S. 443-451

[LOTT12] Lotter, B., Wiendahl, H.-P.: Montage in der industriellen Produktion – Ein Handbuch für die Praxis. 2. Aufl. Berlin: Springer, 2012

[MAKI94] Makino, H.; Arai, T.: New developments in assembly systems. In: CIRP Annals-Manufacturing Technology. 43. Jg., 1994, Nr. 2, S. 501-512

[MANN13] Mannheim, T., Riedel, M., Hüsing, M., Corves, B.: A New Way of Grasping: PARAGRIP—The Fusion of Gripper and Robot. In: Grasping in Robotics, Mechanisms and Machine Science. 2013, Nr. 10, S. 433-464

[MATH14] MathWorks – Produkte & Dienstleistungen: MATLAB Produktfamilie. URL: http://www.mathworks.de/products/ [Stand: 02.08.2014]

[MAYE12] Mayer, M. Ph.: Entwicklung eines kognitionsergonomischen Konzeptes und eines Simulationssystems für die robotergestützte Montage. Diss. RWTH Aachen, 2012

[MEIN07] Meiners, D.: Beitrag zur Stabilität und Automatisierung von CFK-Produktionsprozessen. Diss. TU Clausthal, 2007

[MILB99] Milberg, J.; Reinhart, G.: Produktionssystemplanung. In: Betriebshütte – Produktion und Management. CD-ROM edition, 1999

[MOSE13] MOSES Robotics. URL: http://www.autodesk-katalog.de/loesungen/autocam-gmbh/produkte/moses-robotic [Stand: 30.11.2013]

[MOTO10] Motoman: DX100 Robot Controller Specifications.URL: http://www.motoman.com/datasheets/DX100%20Controller.pdf [Stand: 14.07.2010]

[MUCK05] Muckenhirn, R.: Konfigurierbares Leitsystem für modulare Montagezellen am Beispiel von Festplatten. Diss. Universität Stuttgart, 2005

[MLLE04] Müller, T.: SQL-basierte Datenbankzugriffe und XML: Klassifizierung von Anwendungsprogrammen. In: Samia, M.; Conrad; S. (Hrsg.): Tagungsband zum 16. GI-Workshop Grundlagen von Datenbanken. Mohnheim, 01.-04. Juni 2004, Düsseldorf: Universität, 2004, S. 88-92

[MÜLL09] Müller, R.; Corves, B.; Hüsing, M.; Esser, M.; Riedel, M.; Vette, M.: Rekonfigurierbares selbstoptimierendes Bauteilhandling. In: 8. Kolloquium Getriebetechnik. Aachen, 16.-18. September 2009, Aachen: Verlagshaus Mainz, S. 297-311

[MÜLL10a] Müller, R.; Esser, M.; Janßen, M.: Durchgängige Modularität von der Mechanik bis zur Bahnplanung – Ein rekonfigurierbares Konzept zur Handhabung unterschiedlicher Bauteile. In: wt Werkstattstechnik online. 100. Jg., 2010, Nr. 5, S. 413-417

[MÜLL10b] Müller, R.; Corves, B.; Esser, M.; Hüsing, M.; Janßen, M.; Riedel, M.: Modular Handling Platform For Easy Reconfiguration. In: 3rd CIRP Conference on Assembly Technologies and Systems – Responsive, costumer demand driven, adaptive assembly. Trondheim, Norwegen, 01.-03. Juni 2010. Trondheim: Tapir Academic Press, 2010, S. 109-113

[MÜLL11a] Müller, R.; Eilers, J.; Esser, M.; Hasse, F.; Janßen, M.; Rochlitz,T.; Siewert, U.; Walther, J.: Wandlungsfähigkeit in der Montage – Chance für eine schwer planbare Zukunft. In: Brecher, C.; Klocke, F.; Schmitt, R.; Schuh, G. (Hrsg.): Wettbewerbsfaktor Produktionstechnik – Aachener Perspektiven. Aachen: Shaker, 2011, S. 423-447

[MÜLL11b] Müller, R.; Corves, B.; Esser, M.; Janßen, M.: Modular Control System for Reconfigurable Robot Applications. In: IEEE International Symposium on Assembly and Manufacturing. Tampere, 25.-27. Mai 2011, S. 1-5

[MÜLL11c] Müller, R.; Esser, M.; Janßen, M.: Integrative Path Planning and Motion Control for Handling Large Components. In: Intelligent Robotics and Application. Aachen, 06.-08. Dezember 2011. Berlin: Springer, 2011, S. 93-101

[MÜLL11d] Müller, R.; Esser, M.; Janßen, M.; Vette, M.; Corves, B.; Hüsing, M.; Riedel, M.: Reconfigurable handling system. In: Production Engineering Research and Development. 5. Jg., 2011, Nr. 4, S. 453-261

[MÜLL11e] Müller, R.; Corves, B.; Brecher, C.; Esser, M.; Riedel, M.; Haag, S.; Vette, M.: Self-optimization as an Enabler for Flexible and Reconfigurable Assembly Systems. In: Intelligent Robotics and Application. Aachen, 06.-08. Dezember 2011. Berlin: Springer, 2011, S. 179-188

[MÜLL12a] Müller, R.; Vette, M.; Quinders, S.: Handhabung großer Bauteile zur Flugzeugmontage mittels eines Verbunds kinematischer Einheiten unterschiedlicher Struktur. In: VDI-Tagung Bewegungstechnik 2012, Nürtingen, 11.-12. September 2012, S. 3-18

[MÜLL12b] Müller, R.; Esser, M.; Eiler, J.: Design method for reconfigurable assembly processes and equipment. In: Proceedings of the 21st International Conference on Production Research. Stuttgart, 31. Juli – 04. August 2012. Stuttgart: Fraunhofer: 2012, CD-ROM

[MÜLL13] Müller, R.; Vette, M.; Quinders, St.; Mbarek, T.; Loser, R.; Antar, N.; Schnier, A.: Wandlungsfähiges Montagesystem für Großbauteile am Beispiel der Flugzeugstrukturmontage. In: Spath, D.; Müller, R.; Reinhardt, G. (Hrsg.): In: Zukunftsfähige Montagesysteme – wirtschaftlich, wandlungsfähig und rekonfigurierbar. Stuttgart: Fraunhofer, 2013, S. 251-260

[MURA02] Murata, S.; Yoshida, E.; Kamimura, A.; Kurokawa, H.; Tomita, K.; Kokaji, S.:M-TRAN: Self-Reconfigurable Modular Robotic System. In: IEEE/ASME Transactions on Mechatronics. 7. Jg., 2002, Nr. 4, S. 431-441

[NORM12] Norman, A.R.; Schönberg, A.; Gorlach, I.; Schmitt, R.: Validation of iGPS as an external measurement system for cooperative robot positioning. In: The International Journal of Advanced Manufacturing Technology. 64. Jg., 2012, Nr. 1-4, S. 427-446

[NYHU08] Nyhuis, P.; Reinhart, G.; Abele, E.: Wandlungsfähige Produktionssysteme – Heute die Industrie von morgen gestalten. Garbsen: PZH Produktionstechnisches Zentrum, 2008

[PAHL07] Pahl, G.; Beitz, W.; Feldhusen, J.; Grote, K.-H.: Konstruktionslehre – Grundlagen. 7. Aufl. Berlin: Springer, 2007

[PARK60] Parkus, H.: Mechanik der festen Körper. Wien: Springer, 1960

[PFEI10] Pfeifer, T.; Schmitt, R.: Fertigungsmesstechnik. 3. Aufl. München: Oldenbourg, 2010

[POPP94] Popper, K.R.: Die Logik der Sozialwissenschaften. In: Der Positivismusstreit in der deutschen Soziologie. München: Deutscher Taschenbuch-Verlag, 1994, S. 103-123

[REIN08] Reinhart, G.; Lau, C.: Autonome Montageabläufe in der Kognitiven Fabrik. In: wt Werkstattstechnik online. 98. Jg., 2008, Nr. 9, S. 658-663.

[REIN09] Reinhart, G.; Zäh, M.: Mit intelligenten Montagesystemen aus der Krise. In: wt Werkstattstechnik online. 99. Jg., 2009, Nr. 9, S. 584

[RIED10a] Riedel, M.; Nefzi, M.; Corves, B.: Grasp Planning for a Reconfigurable Parallel Robot with an Underactuated Arm Structure. In: Mechanical Science. 2010, Nr. 1, S. 33-42

[RIED10b] Riedel, M.; Nefzi, M.; Corves, B.: Performance Analysis and Dimensional Synthesis of a Six DOF Reconfigurable Parallel Manipulator. In: IFToMM Symposium on Mechanism Design for Robotics. Mexico City, Mexiko, 29.-29. September 2010. CD-ROM

[ROBC13] Robcad. URL: https://www.plm.automation.siemens.com/de_de/products/tecnomatix/robotics_automation/robcad/#lightview-close [Stand: 30.11.2013]

[SARH92] Sarh, B.: Beitrag zur Optimierung von Prozessparametern für Endeffektoren von flexibel automatisierten Montagesystemen des Flugzeugbaus. Diss. TU Hamburg-Harburg, 1992

[SCHI14] Schilberg, D.; Meisen, T.; Reinhard, R.: Virtuelle Produktion – Die Virtual Production Intelligence im Einsatz. In: Jeschke, S.; Kobbelt, L.; Dröge, A. (Hrsg.): Exploring Virtuality – Virtualität im interdisziplinären Diskurs. Wiesbaden: Springer, 2014, S. 93-110

[SCHM11] Schmitt, R.; Brecher, C.; Corves, B.; Gries, T.; Jeschke, S.; Klocke, F.; Loosen, P.; Michaeli, W.; Müller, R.; Poprawe, R.; Reisgen, U.; Schlick, C.M.; Schuh, G.; Auerbach, T.; Bauhoff, F.; Beckers, M.; Behnen, D.; Brosze, T.; Buchholz, G.; Büscher, C.; Eppelt, U.; Esser, M.; Ewert, D.; Fayzullin, K.; Freudenberg, R.; Fritz, P.; Fuchs, S.; Gloy, Y.-S.; Haag, S.; Hauck, E.; Herfs, W.; Hering, N.; Hüsing, M.; Isermann, M.; Janßen, M.; Kausch, B.; Kempf, T.; Kratz, S.; Kuz, S.; Laass, M.; Lose, J.; Malik, A.; Mayer, M.Ph.; Molitor, T.; Müller, S.; Odenthal, B.; Pavim, A.; Petring, D.; Potente, T.; Pyschny, N.; Reßmann, A.; Riedel, M.; Runge, S.; Schenuit, H.; Schilberg, D.; Schulz, W.; Schürmeyer, M.; Schüttler, J.: Selbstoptimierende Produktionssysteme. In: Brecher, C. (Hrsg.): Integrative Produktionstechnik für Hochlohnländer. Heidelberg: Springer, 2011, S. 747-1057

[SCHM12a] Schmitt, R.: Automation mit Potenzial – Paradigmenwechsel in der Inline-Messtechnik. In: Qualität und Zuverlässigkeit QZ. 57. Jg. 2012, Nr. 9, S. 42-45

[SCHM12b] Schmitt, R.; Jatzkowski, P.; Schönberg, A.: Navigation as a Key for Self-Optimizin Assembly Processes. In: Trzcielinski, S.; Karwowski, W. (Hrsg.): Advances in Ergonomics in Manufacturing. (Reihe: Advances in Human Factors and Ergonomics, Bd. 18). Boca Raton, USA: CRC Press, 2012, S. 282-291

[SCHM13a] Schmitt, R.; Witte, A.; Janßen, M.: Komplexität beherrschen Dank Selbstoptimierung – Ein Weg zur effizienten Automatisierung in der Großbauteilmontage. In: wt Werkstattstechnik online. 103. Jg., 2013, Nr. 9, S. 668-671

[SCHM13b] Schmitt, R.; Jatzkowski, P.; Janßen, M.: Self-Optimization in Large Scale Assembly. In: Procedia Engineering. (Special Issue: The Manufacturing Engineering Society International Conference). 63. Jg., 2013, S. 843-851

[SCHM13c] Schmitt, R.; Witte, A.; Janssen, M.; Bertelsmeier, F.: Modeling of Component Deformation in Self-optimizing Assembly Processes. In: The 11th International Symposium on Measurement Technology and Intelligent Instruments. Aachen, 01.-05. Juli 2013. Aachen: Apprimus, 2013, S. 222

[SCHM13d] Schmitt, R.; Schönberg, A.; Bertelsmeier, F.:Optische Erfassung dreidimensionaler Strukturen in einem globalen Referenzsystem. In: tm Technisches Messen, 80. Jg., 2013, Nr. 4, S. 129-134

[SCHM14a] Schmitt, R.; Böttcher, C.; Hüttemann, G.; Janßen, M.; Kartarius, B.; Lewerenz, T.; Ottong, A.; Peterek, M.; Wehn, M.; Wurl, S.: Präzisionsfertigung und -montage von Großbauteilen. In: Brecher, C.; Klocke, F.; Schmitt, R.; Schuh, G. (Hrsg.): Wettbewerbsfaktor Produktionstechnik – Aachener Perspektiven. Aachen: Shaker, 2014, S. 403 - 426

[SCHM14b] Schmitt, R.; Witte, A.; Janßen, M.; Bertelsmeier, F.: Metrology assisted assembly of airplane structure elements. In: Conference on Assembly Technologies and Systems. Dresden, 13.-14. November 2014

[SCHN14] SCHUNK GmbH & Co. KG: Powerball Light Weight Arm LWA 4.6 mit ERB und WSG. URL:http://www.schunk-mechatronik.com/de/produkte/intelligent/powerball-lwa-4.html [Stand: 09.03.2014]

[SCHU08] Schuh, G.; Gottschalk, S.; Gulden, A.; Hilchner, R.; Pyschny, N.; Buchner, T.; Haubrich, T.: Strategien und Trends in der Montagetechnik und -organisation. In: wt Werkstattstechnik online. 98. Jg., 2008, Nr. 9, 670-674

[SFB13] Sonderforschungsbereich (SFB) 614. URL: www.sfb614.de [Stand: 19.09.2013]

[SHEN03] Shen, W.M.; Will, P.; Khoshnevis, B.: Self-Assembly in Space via Self-Reconfigurable Robots. In Robotics and Automation. 2. Jg., 2003, Nr. 2, S. 2516-2521

[SHER02] Sheridan, T.B.: Humans and Automation – System Design and Research Issues. Santa Monica, USA: John Wiley & Sons, 2002

[SPUR86] Spur, G.; Stöferle, Th.: Handbuch der Fertigungstechnik. (Reihe: Fügen, Handhaben, Montieren, Bd. 5). München: Carl Hanser, 1986

[STAB13] Statistisches Landesamt Baden-Württemberg: Indikatoren zum Thema „Erwerbstätigkeit". URL: http://www.statistik-bw.de/ArbeitsmErwerb/Indikatoren/ET_wirtschSektoren.asp [Stand: 28.10.2013]

[STAC80] Stachowiak, H.: Der Modellbegriff in der Erkenntnistheorie. In: Journal for General Philosophy of Science. 11. Jg., 1980, Nr. 1, S. 53-68

[STAT13] Statista – Das Statistik-Portal: Anteil der Wirtschaftsbereiche am Bruttoinlandsprodukt (BIP) in Deutschland im Jahr 2012. URL: http://de.statista.com/statistik/daten/studie/36846/umfrage/anteil-der-wirtschaftsbereiche-am-bruttoinlandsprodukt/ [Stand. 28.10.2013]

[STEI10] Steinke, P.: Finite-Elemente-Methode – Rechnergestützte Einführung. 3. Aufl. Berlin: Springer, 2010

[STEP07] Stepanek, P.: Flexibel automatisierte Montage von leicht verformbaren großvolumigen Bauteilen. Diss. TU Hamburg-Harburg, 2007

[STOD04] Schutzrecht US 6,804,580 B1 (12.10.2004). Stoddard, K.; Kneifel, R.W.; Martin, D.M.; Mirza, K.; Chaffee, M.C.; Hagenauer, A.; Graf, S.: Method and control system for controlling a plurality of robots

[ULRI81] Ulrich, H.: Die Betriebswirtschaftslehre als anwendungsorientierte Sozialwissenschaft. In: Geist, M. (Hrsg.): Die Führung des Betriebes. Stuttgart: Poeschel, 1981, S. 1-25

[VDI90a] Richtlinie VDI 2860 (Mai 1990). Montage- und Handhabungstechnik - Handhabungsfunktionen, Handhabungseinrichtungen; Begriffe, Definitionen, Symbole

[VDI90b] Richtlinie VDI 3685 (Mai 1990). Adaptive Regler – Begriffe und Eigenschaften

[VERL08] Verl, A.; Fritsch, D.: Steuerungsentwicklung mit Simulationssoftware – Entwicklung von Steuerungen für automatisierte Materialflusssysteme. In: wt Werkstattstechnik online. 98. Jg., 2008, Nr. 5, S. 370-376

[VERO13] VEROSIM Solutions. URL: http://www.verosim-solutions.com/unsere-geschaeftsfelder/industrie/ [Stand: 30.11.13]

[WEBB05] Webb, P.; Eastwood, S.; Jayaweera, N.; Chen, Y.: Automated aerostructure assembly. In: Industrial Robot – An International Journal. 32. Jg, 2005, Nr. 5, S. 383-387

[WEBE09] Weber, W.: Industrieroboter – Methoden der Steuerung und Regelung. 2. Aufl. München: Hanser, 2009

[WECK06] Weck, M.; Brecher, C.: Werkzeugmaschinen 4 – Automatisierung von Maschinen und Anlagen. 6. Aufl. Berlin: Springer, 2006

[WEID13] Weidner, R.; Schwanke, K.; Wulfsberg, J.: Hochgenaue Montage von Strukturbauteilen. In: ZWF Zeitschrift für wirtschaftlichen Fabrikbetrieb. 108. Jg., 2013, Nr. 1-2, S. 27-31

[WENZ08] Wenz, M.: Automatische Konfiguration der Bewegungssteuerung von Industrierobotern. Diss. TU Karlsruhe, 2008

[WIEN99] Wiendahl, H.-P.: Produktionsplanung und -steuerung. In: Betriebshütte – Produktion und Management. CD-ROM edition, 1999

[WOLF11] Wolf, E.: Russlands Flugzeugbauer streben zurück an die Weltspitze. In: Germany Trade & Invest, 01.09.2011, URL: http://www.gtai.de/GTAI/Navigation/DE/Trade/maerkte, did=80946.html [Stand: 01.11.2013]

[WOLL01] Wollnack, J.; Rall, K.; Quellmalz, W.: Flexibilisierte, automatisierte Großbauteilmontage – Videometrische Messverfahren im Hinblick auf die flexibilisierte und automatisierte Flugzeugmontage. In: wt Werksstatttechnik online. 91. Jg., 2001, Nr. 12, S. 785-791

[WOLL04a] Wollnack, J.; Stepanek, P.: Formkorrektur und Lageführung für eine flexible und automatisierte Großbauteilmontage. In: wt Werksstatttechnik online. 94. Jg., 2004, Nr. 9, S. 414-421

[WOLL04b] Wollnack, J., Stepanek, P.: Iterativ lernende Verfahren in der Großbauteilmontage. In: wt Werksstatttechnik online. 94. Jg., 2004, Nr. 10, S. 572-579

[WOLL09] Wollnack, J.: 3D/6D-Visionsysteme und Lasermessverfahren in der Robotik und Fertigungstechnik der Luftfahrtindustrie. In: Allgemeine Vermessungs-Nachrichten AVN. 2009, Nr. 5, S. 175-187

[WÖRN09] Wörn, A.: Ein Beitrag zur Gestaltung mechanischer Modulschnittstellen für rekonfigurierbare Mehrtechnologie-Werkzeugmaschinen. Diss TU Darmstadt, 2009

[WOUT10] Wouters, R.: CFK-Teile: Wann ist Schluss mit Handarbeit? In: aerotec. URL: http://www.aerotec-online.com/cfk-teile-wann-ist-schluss-mit-handarbeit/ [Stand: 22.07.2010]

[YIM07] Yim, M.; Shen, W.M.; Salemi, B.; Rus, D.; Moll, M.; Lipson, H.: Modular Self-Reconfigurable Robot Systems. In: IEEE Robotics and Automation Magazine. 14. Jg., 2007, Nr. 1, S. 43-52

Anhang

A Kraft-/Verformungsverläufe der Validierungsszenarien

Validierungsszenario V004

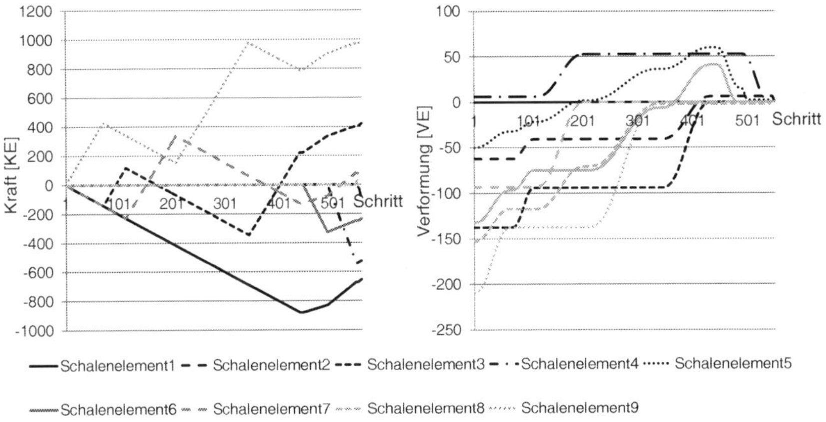

Validierungsszenario V005

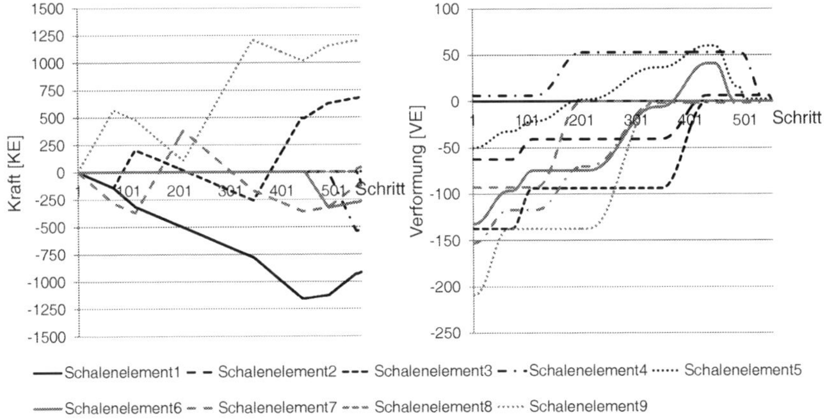

Validierungsszenario V006

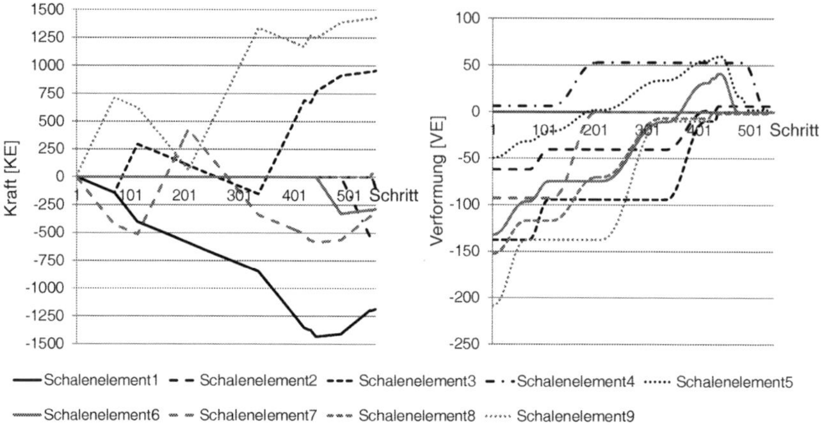

Validierungsszenario V007

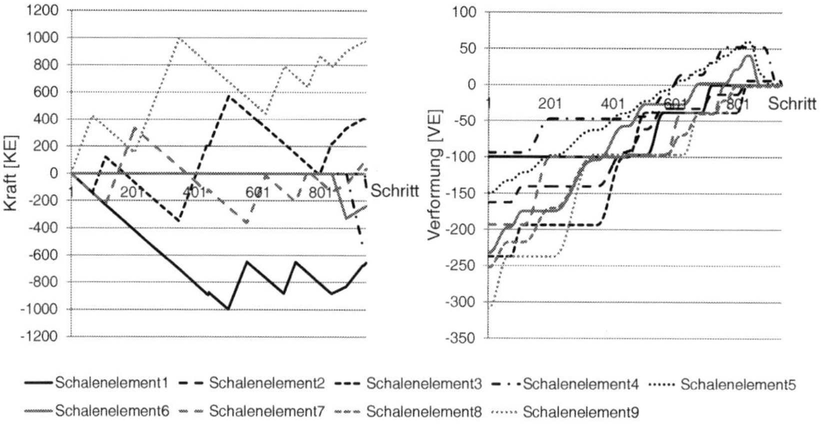

Validierungsszenario V010

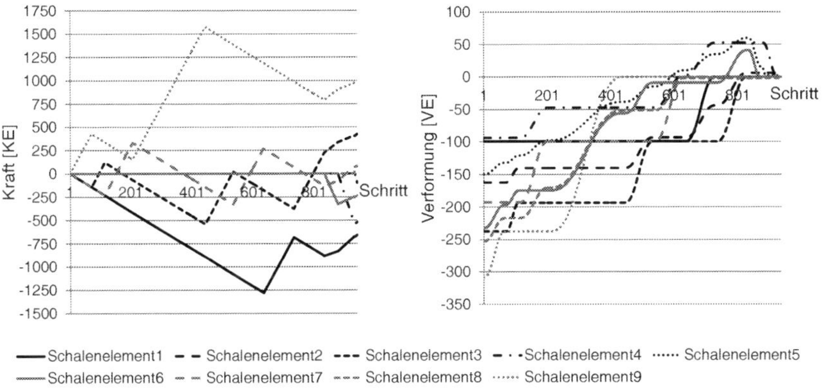

Validierungsszenario V011

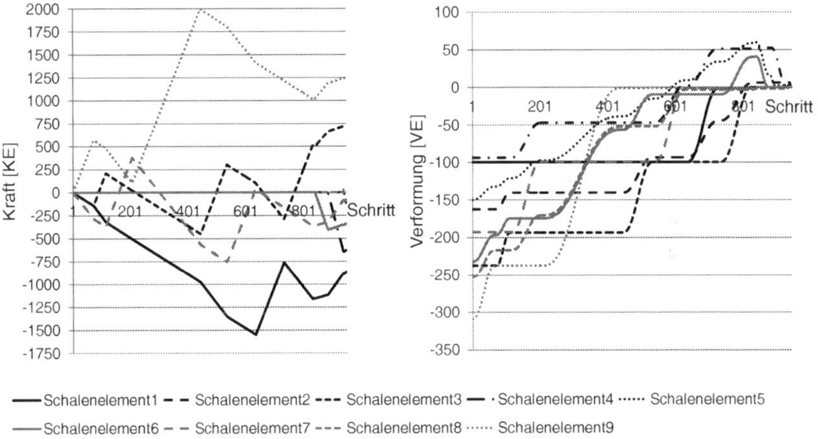

Validierungsszenario V012

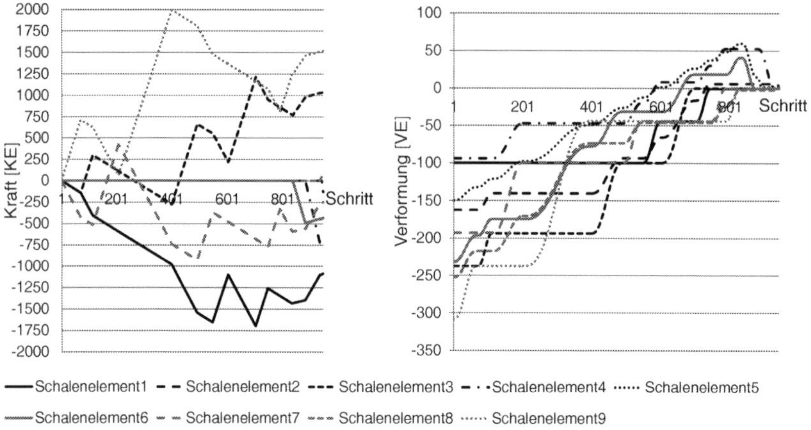

Validierungsszenario V016

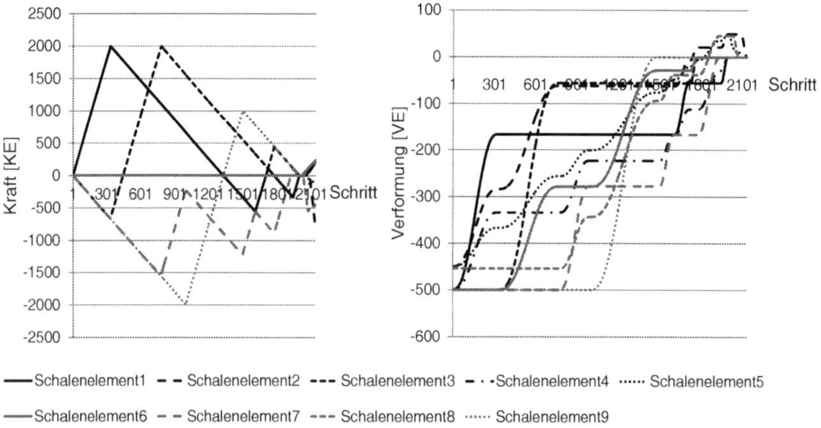

Validierungsszenario V017

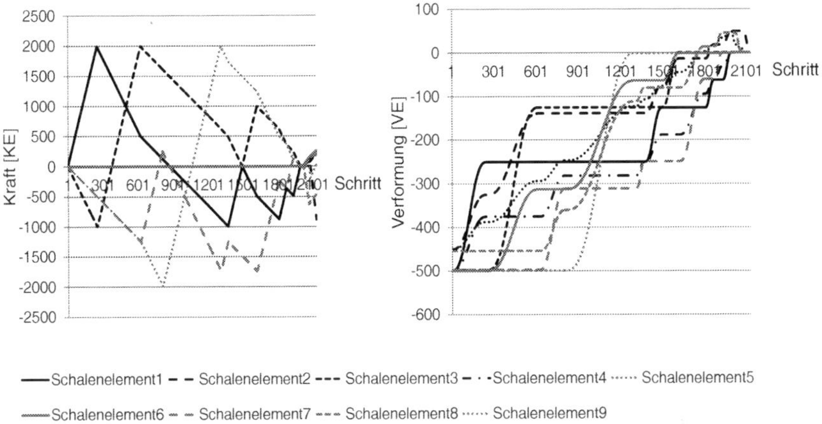

Validierungsszenario V018

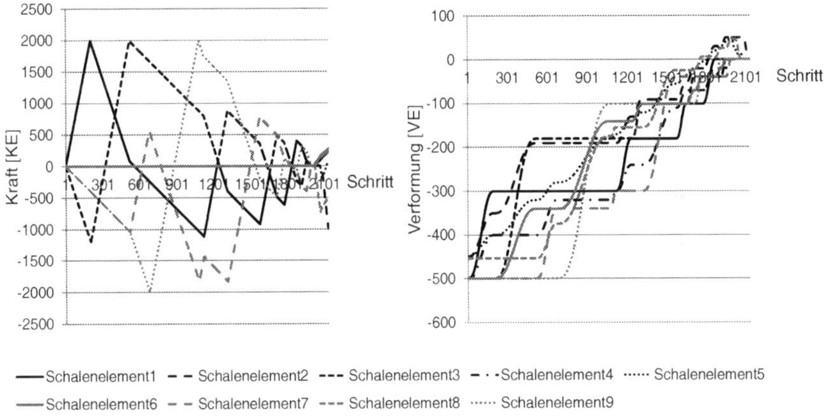

Validierungsszenario V019

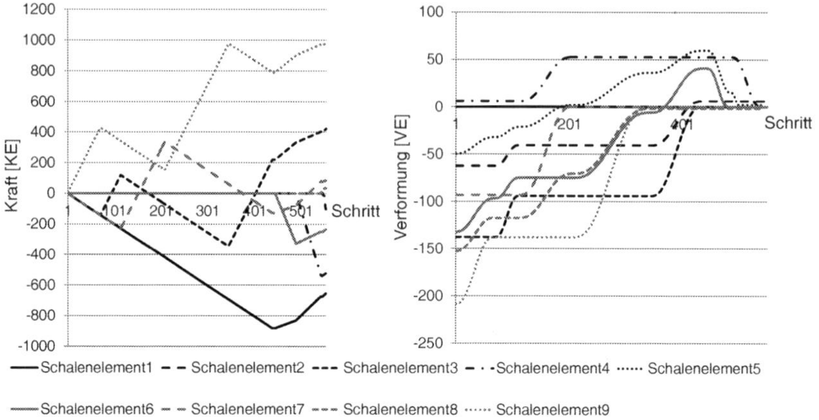

Validierungsszenario V020

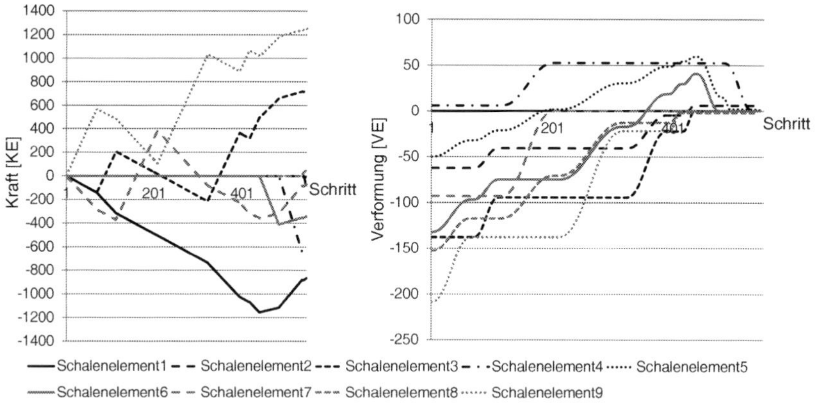

Validierungsszenario V022

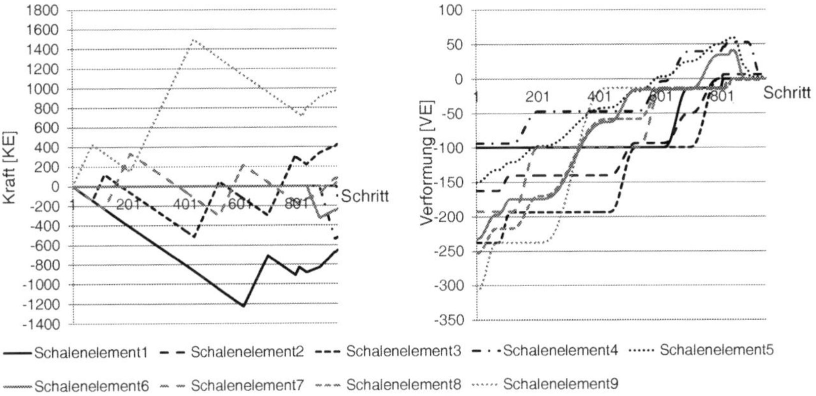

Validierungsszenario V023

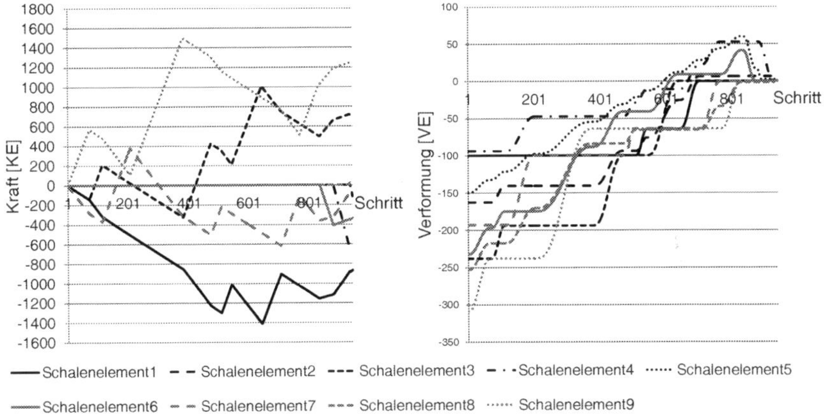

Validierungsszenario V025

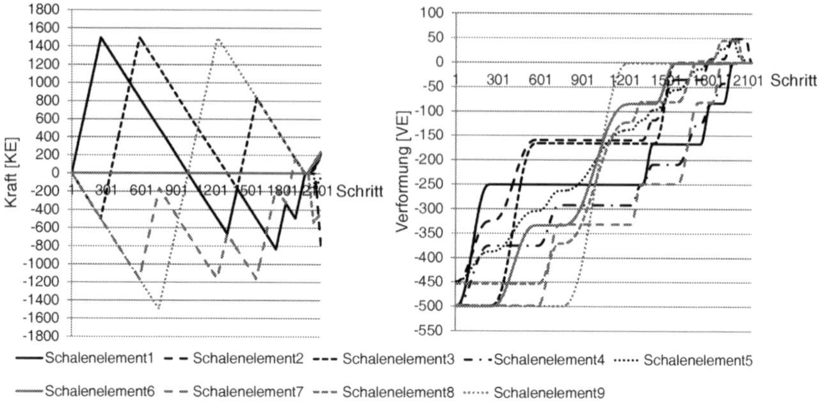

Validierungsszenario V026

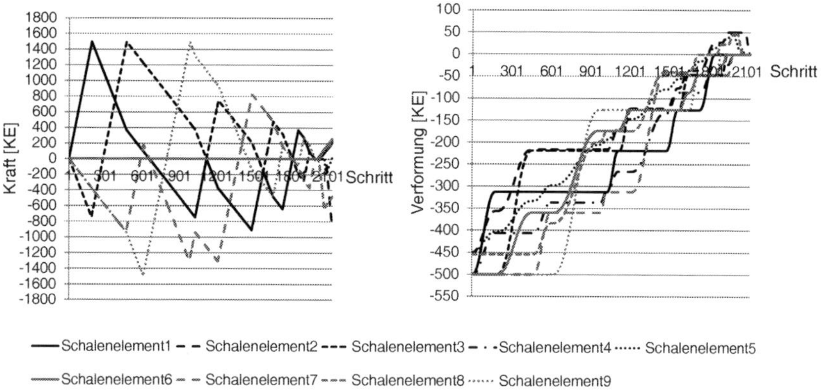

Validierungsszenario V027

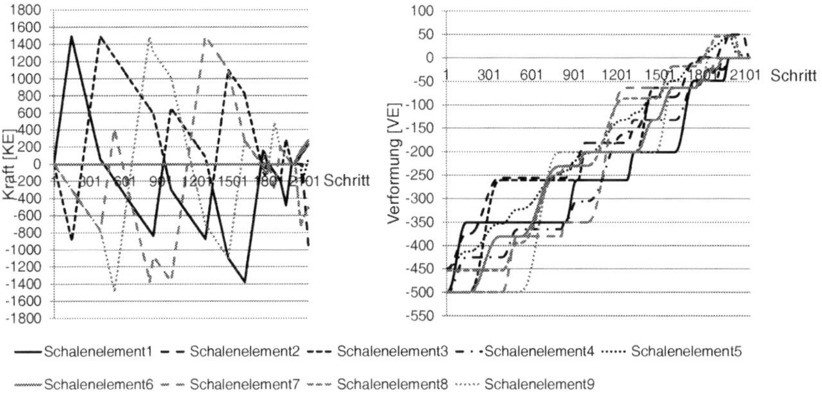

B Liste der veröffentlichten Teilergebnisse

Müller, R.; Esser, M.; Janßen, M.: Durchgängige Modularität von der Mechanik bis zur Bahnplanung – Ein rekonfigurierbares Konzept zur Handhabung unterschiedlicher Bauteile. In: wt Werkstattstechnik online. 100. Jg., 2010, Nr. 5, S. 413-417

Müller, R.; Corves, B.; Esser, M.; Hüsing, M.; Janßen, M.; Riedel, M.: Modular Handling Platform For Easy Reconfiguration. In: 3rd CIRP Conference on Assembly Technologies and Systems – Responsive, costumer demand driven, adaptive assembly. Trondheim, Norwegen, 01.-03. Juni 2010. Trondheim: Tapir Academic Press, 2010, S. 109-113

Müller, R.; Eilers, J.; Esser, M.; Hasse, F.; Janßen, M.; Rochlitz,T.; Siewert, U.; Walther, J.: Wandlungsfähigkeit in der Montage – Chance für eine schwer planbare Zukunft. In: Brecher, C.; Klocke, F.; Schmitt, R.; Schuh, G. (Hrsg.): Wettbewerbsfaktor Produktionstechnik – Aachener Perspektiven. Aachen: Shaker, 2011, S. 423-447

Müller, R.; Corves, B.; Esser, M.; Janßen, M.: Modular Control System for Reconfigurable Robot Applications. In: IEEE International Symposium on Assembly and Manufacturing. Tampere, 25.-27. Mai 2011, S. 1-5

Müller, R.; Esser, M.; Janßen, M.: Integrative Path Planning and Motion Control for Handling Large Components. In: Intelligent Robotics and Application. Aachen, 06.-08. Dezember 2011. Berlin: Springer, 2011, S. 93-101

Müller, R.; Esser, M.; Janßen, M.; Vette, M.; Corves, B.; Hüsing, M.; Riedel, M.: Reconfigurable handling system. In: Production Engineering Research and Development. 5. Jg., 2011, Nr. 4, S. 453-261

Janßen, M.; Müller, R.: Self-optimizing Handling System for Assembling Large Components. In: Intelligent Robotics and Application. Montreal, Kanada, 03.-05. Oktober 2012, Berlin: Springer, S. 663-672

Schmitt, R.; Witte, A.; Janßen, M.: Komplexität beherrschen Dank Selbstoptimierung – Ein Weg zur effizienten Automatisierung in der Großbauteilmontage. In: wt Werkstattstechnik online. 103. Jg., 2013, Nr. 9, S. 668-671

Schmitt, R.; Jatzkowski, P.; Janßen, M.: Self-Optimization in Large Scale Assembly. In: Procedia Engineering. (Special Issue: The Manufacturing Engineering Society International Conference). 63. Jg., 2013, S. 843-851

Schmitt, R.; Böttcher, C.; Hüttemann, G.; Janßen, M.; Kartarius, B.; Lewerenz, T.; Ottong, A.; Peterek, M.; Wehn, M.; Wurl, S.: Präzisionsfertigung und -montage von Großbauteilen. In: Brecher, C.; Klocke, F.; Schmitt, R.; Schuh, G. (Hrsg.): Wettbewerbsfaktor Produktionstechnik – Aachener Perspektiven. Aachen: Shaker, 2014, S. 403 – 426

Schmitt, R.; Janßen, M.; Bertelsmeier, F.: Self-Optimizing Compensation of Large Component Deformations. In: Daponte, P; Ruggieri, M.; Dyer, S. (Hrsg.): Proceedings of the IEEE International Workshop on Metrology For Aerospace. Washington (USA): IEEE, 2014, S. 89-94

C Im Rahmen der Dissertation betreute wissenschaftliche Arbeiten

Liesenfeld, G.: Grafische Bahnplanung für kooperierende Montageroboter. Studienarbeit, 2010

Mannheim, T.-Ph.: Auslegung und Konstruktion einer Handhabungseinheit für eine Montageplattform. Studienarbeit, 2010

Homann, A.: Steuerungskonzept für kooperierende Montageroboter. Projektarbeit, 2010

Schlünder, F.: Inbetriebnahme einer Montageplattform. Studienarbeit, 2010

Wendel, T.: Konstruktion einer Roboterhand für die Handhabung nichtferromagnetischer Bauteile. Studienarbeit, 2011

Lübbert, L.: Entwicklung einer multidirektionalen Konvertierungssoftware zur herstellerunabhängigen Programmierung von Industrierobotern. Studienarbeit, 2012

Rodenhauser, T.: Integration eines Industrieroboters in eine modulare Steuerungsarchitektur. Studienarbeit, 2012

Lebenslauf

Persönliche Daten

Name	Markus Janßen
Geburtsdatum	22.07.1982
Geburtsort	Kleve
Staatsangehörigkeit	deutsch

Schulische Ausbildung

07/1990-06/1993	Josef-Lörcks-Grundschule Kalkar
07/1993-06/2002	Städtisches Gymnasium Kalkar, Abschluss: Abitur

Zivildienst

07/2002-04/2003	Caritasverband Kleve, Suchtberatungsstelle

Studium

10/2003-04/2009	Studium des Maschinenbaus an der Rheinisch-Westfälischen Technischen Hochschule Aachen Vertiefungsrichtung Produktionstechnik/ Fertigungstechnik Abschluss: Diplom

Berufliche Tätigkeit

04/2007-03/2008	Studentischer Mitarbeiter am Lehrstuhl für Werkzeugmaschinen des Werkzeugmaschinenlabors WZL der RWTH Aachen
07/2009-07/2014	Wissenschaftlicher Mitarbeiter am Lehrstuhl für Montagetechnik und am Lehrstuhl für Fertigungsmesstechnik und Qualitätsmanagement des Werkzeugmaschinenlabors WZL der RWTH Aachen
11/2012-07/2014	Leiter der Gruppe Montagesystemtechnik am Lehrstuhl für Fertigungsmesstechnik und Qualitätsmanagement
seit 10/2014	Assistent des Entwicklungsleiters bei der Firma Huf Hülsbeck & Fürst GmbH & Co. KG

FSC
www.fsc.org
MIX
Papier | Fördert
gute Waldnutzung
FSC® C083411

Kolibri 360 GmbH
Ferdinand-Jühlke-Straße 7
99095 Erfurt, Deutschland
produktsicherheit@kolibri360.de